地球のカタチ
katachi

あの星はなにに見える?

出雲晶子
Akiko Izumo

白水社

地球のカタチ
katachi

あの星はなにに見える？

口絵1　**シルクロードの黄道12宮**

クチャのキジル石窟（悪魔窟）の黄道12宮図（『シルクロード大美術展図録』より）

口絵2　**セラリウス天球図**（千葉市立郷土博物館蔵）

17世紀オランダで出版された星図。カラー円形の星図としては最も美しいもので、天の北極を中央からずらして描いているので見やすい。よく本に掲載されている。しかし、中央付近のおおぐま座、おとめ座を見るとわかるが、実際の星空と違って、左右（東西）が反転している。

地球のカタチ
katachi

あの星はなにに見える？　contents

口絵3　**パルディー天球図**(千葉市立郷土博物館蔵)
17世紀フランスで出版された星図。数学の教授が原画を作っただけあり、星図中央の領域でのゆがみが少ない方法で描かれている。セラリウス、パルディーとも、同時代の他の星図にくらべ、絵がすごく上手。いい画家がいたのだろう。

口絵4(左頁)　**北斗曼荼羅**(茅ヶ崎市善福寺蔵)
北斗曼荼羅は星曼荼羅とも呼ばれ、中央に本尊と北斗七星、囲むように9惑星(日、月、水、金、火、木、土星、羅喉、計都)、その周囲に黄道12宮、一番外側には黄道28宿が描かれている。(平塚市博物館特別展図録『里に降りた星たち』より)

装丁・本文デザイン　妹尾浩也（iwor）

地上の星を旅しよう

星・星座の本といいますと、いろいろな本がでていますが、創作《そうさく》でないかぎり、そのほとんどは実際の夜空の星と星座のことがのっている本です。私も何冊かそういった星空の案内の本を書いてきましたが、このたび念願《ねんがん》の本物の星空にまったく関係のない本を書くことになりました。星の位置を示した星図すらでていない本です。

では、内容は何かねというと、人類と星との歴史的かかわりあいと、天体に関連する行事《ぎょうじ》、風俗《ふうぞく》、伝承《でんしょう》、意匠《いしょう》、機械、建築物、芸術、遊び、そのほか創作以外は何でもといった感じです。一口《ひとくち》で言えば、星に関連した文化の研究でしょうか。

ただ文化史とすると、歴史学の一部になりますが、それでは何か違うような気がします。また、過去の天文現象《てんもんげんしょう》を計算する古天文学《こてんもんがく》は、どちらかと言うと力学《りきがく》ですから別の分野です。民俗学《みんぞくがく》、文化人類学、科学史のはしっこをお借りしてつなぎあわせたジャンルでしょうか。この分野に取り組んでいる面々の本業は天文学がほとんどですから、素人《しろうと》の学問です。

でも、趣味の学問でも、名前がないととても不便です。いえ、ないわけではないのですが、星の文学とか、星の民俗学とか、人によって言い方が違っていました。そういうわけで、みんなで名前をつけました。

天文民俗学。

この本には、そのおいしそうなところをのせたつもりです。星空と必ずしも対応しない星、地上の星の話をお楽しみいただければ幸いです。

1
星空がでてこない星座の話

北斗七星はどんなかたち？

北斗七星《ほくとしちせい》という七つの星は、ほぼ世界の共通語です。七つ星の図を見せれば、北斗七星が見えない南半球の南極寄りの国々をのぞき、どんな大国でも、小さな島でも、人々は北天《ほくてん》にある星の並びだとわかります。そしておそらくは北斗七星にちなんだ神話や伝説も、いくつか知っていることでしょう。

北斗七星は、おおぐま座の一部で、ギリシアでは古くから熊《くま》と見ていました。私たちは中国の「北斗」の名を使っていますが、斗とは、穀物《こくもつ》などを測《はか》るひしゃくのことです。北斗は空の大きなひしゃく、これも立派《りっぱ》な伝説です。同じ中国でも、七つの星を曲がった乾物台とそれを作った大工《だいく》、怒って追いかける主人、その主人を止めようとする妻にたとえた面白い伝説もあります。北アメリカとシベリアでは熊と三人の狩人《かりゅうど》、昔のメソポタミア

（イラクあたり）では荷車、ヨーロッパではカール大帝や北欧神話のオーディンの馬車、インドでは七人の仙人《せんにん》、などなど。

日本のひしゃくに比べて、大きいものに見立てている民族が多いですが、それは図で見る北斗七星に比べ、実際の星空で見る北斗七星の巨大さからきたものでしょう。はじめて夜空で北斗七星を見つけた人は、皆あまりの大きさにびっくりしますから。

日本では、北斗七星にまつわるオリジナル伝説は少ないのですが、呼び名は全国でたくさん伝わっています。ななつぼし、四三《しそう》の星《ほし》、梶星《かじぼし》、鍵星《かぎぼし》、七曜《しちよう》の星など、中には「破軍《はぐん》の星」という呼び方があります。軍が敗《やぶ》れるという意味です。北斗七星の七つの星は全部に名前がついていて、水を入れるマスの側から順に、貪狼星《どんろうしょう》、巨門星《こもんしょう》、禄存星《ろくぞんしょう》、文曲星《もんごくしょう》、廉貞星《れんていしょう》、武曲星《むごくしょう》、破軍星《はぐんしょう》といいます。なお、武曲星のそばにくっついているように見える暗い星は輔星《そえぼし》です。

ちなみに、いま使われている北斗七星の星の名前は、同じ順でドゥベ（熊の背）、メラク（熊の腰）、フェクダ（熊の股《また》）、メグレズ（熊の尾の付け根）、アリオト（?）、ミザール（腰布）、アルカイド（棺桶《かんおけ》をひく娘）およびミザールのすぐそばに見えるアルコル（かすかなもの）で、ほとんどがアラビア語で、長い名前がなまって短くなったものです。

横浜市金沢区称名寺に伝わる「図像抄〈天上〉」

密教の星供養で使われたとされる．中央下部に描かれているのが北斗七星．貪，巨，禄，文，廉，武，破，そして輔星の文字が添えられています．これが北斗七星です．（県立金沢文庫特別展図録『星の信仰』より）

北斗七星は、周極星《しゅうきょくせい》といって、北極星のまわりを回って沈むことがありません。一日で一回転弱ほど回るので、北斗七星の向きは刻々《こくこく》と変わっていきます。北斗七星の柄《え》の先にある破軍星《はぐんしょう》が、ある時にさし示す方角に向かって戦うと負けるという、道教《どうきょう》（中国の土着《どちゃく》の宗教）の占《うらな》いがあるそうです。しかし、北斗七星が頭の真上あたりを旋回《せんかい》するシベリアあたりならともかく、日本では北の空の中ほどを中心にグルグル回るので、ひしゃくの柄はさっぱり地上の方角をさし示してくれません。北の空に向かって見ると、上下左右をさす、という感じです。どうも日本では、あんまり実用的でない破軍星のようです。

ところで、皆さんは北斗七星の図を描くことができるでしょうか。点を七つ描くだけです。カンタン？　おそらくちょっと悩んでしまうことでしょう。ひしゃくの柄は向かって右でしたっけ、左でしたっけ？　答えは向かって左側が柄で、右側が水を入れる部分になります。この正しい北斗七星の向きをおぼえておくと、旅先の資料館や、美術展などで、一味ちがった見学ができる場合があります。

カラーで美しい星座絵がいっぱいのヨーロッパの古星図をよく見かけます。最も美しい古星図として必ずあげられるのがオランダのセラリウスによる「天球図《てんきゅうず》」（一七世紀）で

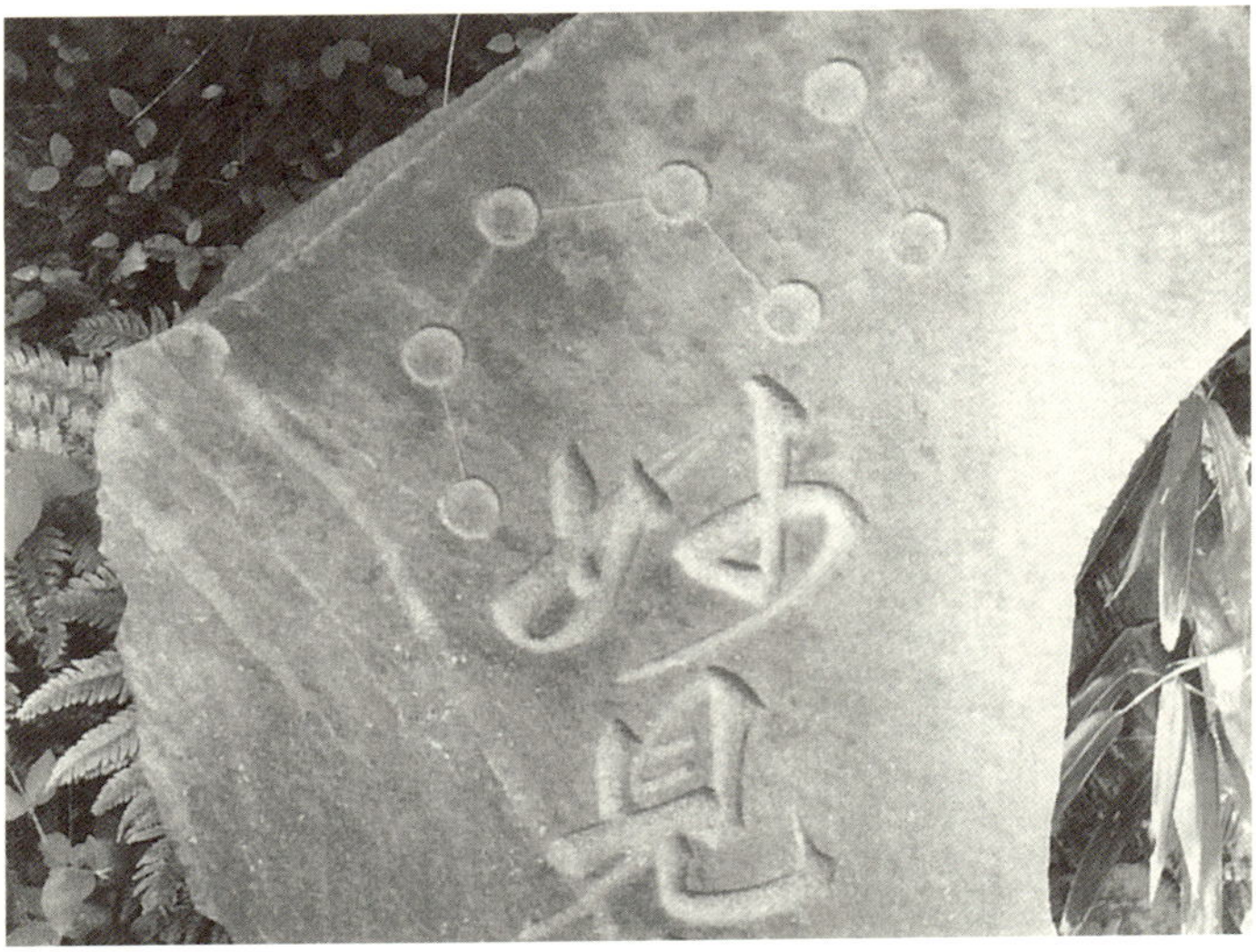

鎌倉市西御門八雲神社の石仏
妙見大菩薩は北極星（または北斗七星）の化身とされる.（写真提供：平塚市博物館）

す［口絵2参照］。配色《はいしょく》もセンスがあります。

しかし、星座を一つずつ見ていると、ふしぎな感じがしてきます。たとえば、おおぐま座。北斗七星の柄が向かって右にあり、裏返しなのです。よく見ると、すべての星座が左右反転《はんてん》しています。ヨーロッパの古星図は、目で見えるとおりではなく、裏返しに描かれているものがけっこうあります。これは、ヨーロッパ独特のサイエンスアートである天球儀《てんきゅうぎ》の作り方に関係しています。古代ギリシアの時代から、地球中心ではなく、宇宙の果《は》てから世界をながめる視点をもっていた、ヨーロッパならではの、意味のある裏返しの星座なのです。

でも、私たちは天球儀の製作者ではないので、美しくても、鏡の国の星図はとても不便《ふべん》です。幸《さいわ》い、日本の古星図は、中国のものを手本としており、北斗七星もちゃんと柄が左側になっています。なっているのですが、時として原型をとどめていないほどデフォルメされている北斗七星があります。当時の事情はわかりませんが、そういった図を作った人は本物の北斗七星をあまり見たことがなかったのでしょう。

天球儀（千葉市立郷土博物館蔵）
宇宙の外側からながめたように，星空が描かれている．

「星はすばる。ひこぼし。ゆふづつ。」

平安時代の清少納言《せいしょうなごん》の随筆《ずいひつ》『枕草子《まくらのそうし》』の星の段の冒頭にでてくるのが、プレアデス星団《せいだん》、すばる（昴）です。昴も中国から伝わった星座で、黄道《こうどう》二八宿《しゅく》（中国版の黄道星座のようなもの）の一つです。でも、伝わったのは漢字だけで、読みの「すばる」は「統《す》べる」「すまる」という語からきた日本の名と考えられています。昴もまた、北斗七星と同じ、世界のどの民族も知っていた天体です。北斗七星に比べて暗く、北極星をさすわけではありませんが、その見た目のふしぎさは、何ともいえず強い印象《いんしょう》を与えます。

昴を作る星たちは、M45と名づけられた散開星団《さんかいせいだん》の仲間で、生まれて間もない（といっても数百万年の）星たちです。肉眼《にくがん》では六〜一〇個ほどですが、双眼鏡《そうがんきょう》や低倍率《ていばいりつ》の望遠鏡《ぼうえんきょう》でのぞくと、数えきれないほどの星が見えます。

昴の和名《わめい》の一つ、「六《む》つら星」のとおり、数えると六つ見える人が多く、その六星をたどって「はごいた星」などと呼ぶ地方もあります。ロシアのウラル地方では六本足の大鹿、インドのヒンドゥー神話では七人の仙人（北斗七星）の六人の妻です。ところが、星座のギリシア神話のように七人姉妹、七羽のひよこ、七匹のヤギなど、七星の話も多く、何らかの原因で一星減ったというのがオチになっています。昴は昔は七つ見えたことがあったのでしょうか。

日本民話の会と外国民話研究会が海外の民話を紹介した『世界の太陽と月と星の民話』という本に、次のような話がのっています。中国のリスという部族の民話で、ある貧《まず》しい若者が、三年間姿がかわらない七羽のひよこと、その親のめんどりを大切に飼《か》っていました。若者が、同じく貧しい旅の老人を家に泊《と》めたとき、もてなす料理が出せず、翌朝とうとう、めんどりを料理しようと決めました。老人はめんどりがかわいそうになり、若者からゆずりうけました。めんどりはその恩《おん》と三年間大切にしてくれた若者に感謝し、金銀の入った壺《つぼ》の場所を二人に教え、ひよことともに空にのぼって、昴になったということです。この話ですと、昴は八星見えていることになりますね。

では日本の昴のお話はというと、日本は星の神話が少ないことで有名で、ほんのちょっぴりしかありません。昴は、八世紀ごろ書かれた丹後国風土記《たんごのくにふどき》という書物の中の、水江《みずのえ》浦島子《うらしまのこ》の物語にちょっぴり登場します。水江浦島子とは、浦島太郎のことです。風土記の話は、童話に書き直された浦島太郎とは少し違うストーリーです。

若いイケメン漁師《りょうし》の水江浦島子（以下、島子）は、ある日五色の亀を釣り上げます。驚いて捕《と》らえずにおいておくと、亀は美しい女性「亀姫」になり、「私といっしょになって」と言われ、島子は受け入れてしまいます。亀姫が手をかざすと、あっという間に島子は、海中の白砂の楽園「蓬萊山《ほうらいさん》」に到着。そしてここで、島子を歓迎して、八人の女の子、畢《ひつ》（おうし座のヒアデス星団のこと）と、七人の女の子、昴がでてきて、「亀姫の夫になる人だわ」と言うのです。昴と畢の登場はこのシーンだけですので、ストーリーに関係ないチョイ役なのですが、それでも星が全然でてこない日本の古代文献《ぶんけん》中ではインパクト大です。

さて、水江浦島子の物語の続きですが、三年がたち、島子は亀姫の夫として楽しく暮した蓬萊山を去り、村へ帰る決意をします。しかし、帰ってきた島子を待ち受けていたものは、たいへんな悲劇でした。人の世は三〇〇年も過ぎており、母も家もとうになく、故郷の村人はだれも島子を知りません。最後に玉手箱をうっかり開けてしまうと、島子自身にも時がふりかかり、灰《はい》となって散ってしまうのです。このように、おとぎ話の原作は、かわいそうな話が多いものです。でもそれほど、昔は普通に生きていくことが楽ではなかったのでしょう。世界のどこでも。

水江浦島子の物語に、昴とともにでてきた畢（日本語の読みは「あめふり」）は、中国版の黄道《こうどう》星座「黄道二八宿」中の一星座です。ギリシアではヒアデスと呼ばれ、ギリシア星座の中でも古くから知られていました。実際の星空では、おうし座の顔にあたる部分で、プレアデスとは違って、広い面積に星がばらけています。神話では、ヒアデスは巨人アトラスの娘の七人姉妹で、兄の死を嘆《なげ》き悲しんでいるところを星座にされた、となっています。ヒアデスの語源は、一説にはギリシア語のヒュエイン（雨が降る）といわれ、ギリシア詩人によると、太陽がヒアデスの位置にくると、雨季《うき》になるというのです。以来ヒアデスは、中世、ルネサンス、そして近代の西欧文学でも「雨の星」として、しばしば登場してきました。

ヒアデスこと畢は、遠く場所も気候もへだてた古代中国でも、「雨の星座」だったようです。紀元二〇〇年ごろの中国を舞台とした小説『三国志演義《さんごくしえんぎ》』の中で、蜀《しょく》国の軍師《ぐんし》、諸葛亮孔明《しょかつりょうこうめい》が、星空を見て「月の軌道《きどう》が畢にかかったから、ここ一ヶ月は雨が多い」、という天気予報をする場面があるのです。『三国志演義』は、本物の『三国志』ができたずっとあとに書かれた、史実半分、創作半分くらいの豪快《ごうかい》な小説です。畢のエピソードは、本物の『三国志』にはなく、晋《しん》の国の天文記録書を参考にしたとみられています。同じ雨降りの星でも、ギリシアでは太陽が畢にくると雨で、中国では月の軌道が畢にかかると雨、

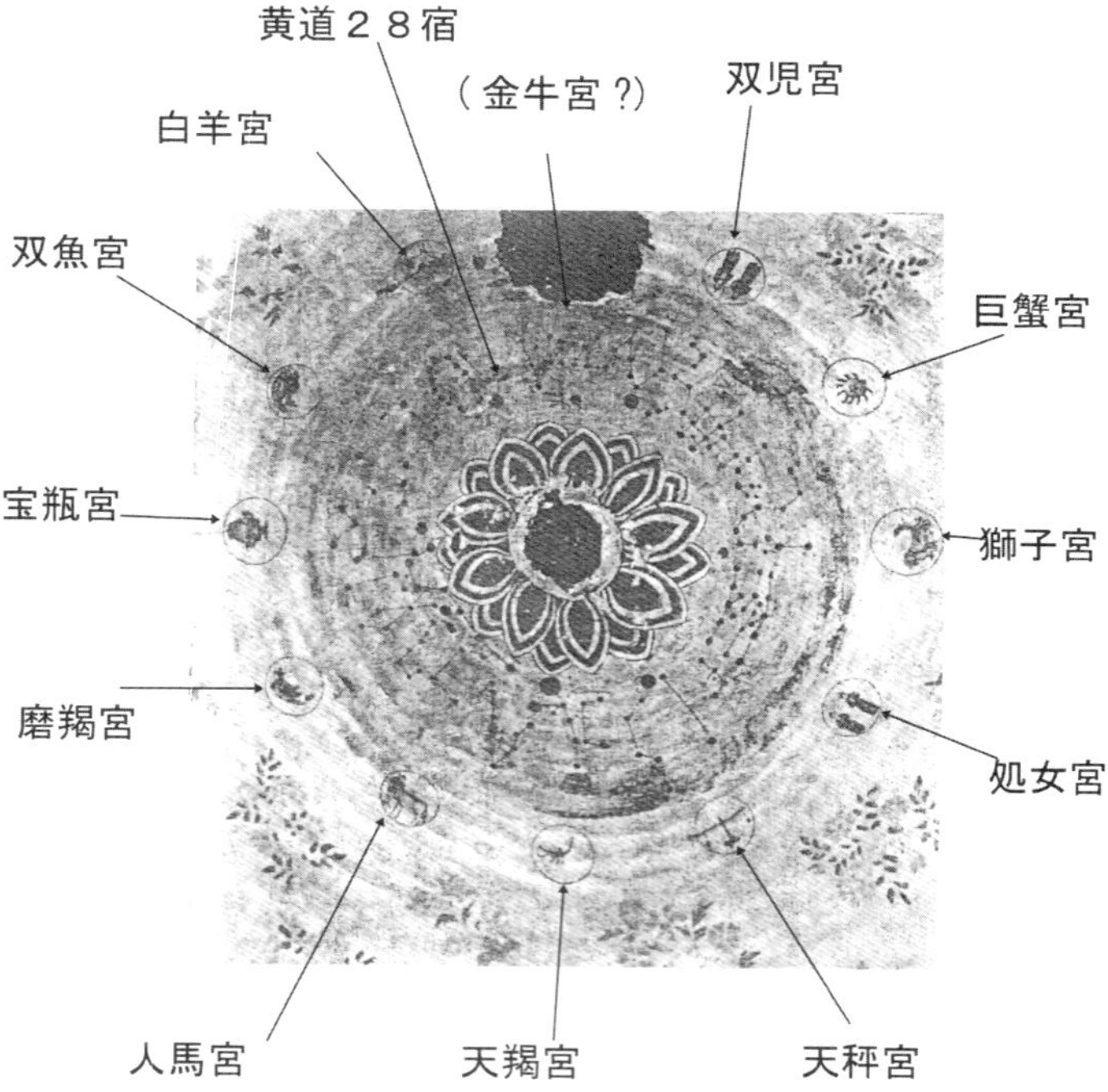

中国の遼の時代（10 ～ 12 世紀）の古墳の天井画
黄道 12 宮がイラストで 28 宿とともに描かれている．12 宮の内側が 28 宿．（*Sky and Telescope*,1999 年 2 月号より）

高松塚古墳の天井画
中国の星座のうち黄道28宿と北極星周辺が描かれている．墓の天井に星図を描くのは，秦の始皇帝からとされるが，隋，唐，宋の時代の墓によく見られる．5～10世紀の石窟寺院の天井にもときどき見られる．（『高松塚壁画館解説』より）

となっていますので、中身はちょっと違っていますね。

　さて、月がかかるのではなく、月の軌道が畢にかかるとは、どういうことでしょうか。月の軌道は、地球の軌道（星空でいえば黄道）に対して五度くらい傾《かたむ》いています。その月の軌道は約一八・六年ほどの周期で、星座に対して主に南北にぶれるのです。月は約二七・三日で黄道星座の間を一周しますが、そのコースは約五度の傾きのせいで一定《いってい》しておらず、一周の間に月が畢を通る時期が数年、通らない時期が数年、と交互《こうご》にくりかえされることになります。

　昴（プレアデス）の伝説は世界各地にありますが、畢（ヒアデス）の伝説は、めったに見つかりません。畢の名前も、三〇〇近くある中国の星座の一つ、というだけです。でも、それは当然、ヒアデスはばらけすぎていて、普通に見ればただの星空の一角で、一つのまとまった星群《せいぐん》には見えないからです。現在でこそ、スペクトル（星の分光特性）を調べて、ヒアデスはどの星も地球からの距離《きより》と動きが同じで、散開星団《さんかいせいだん》だとわかっていますが。

　ヒアデスを一つの何か、それもプレアデスとのペア星団としてみる伝承《でんしょう》は、世界中でもギリシア神話と丹後国風土記《たんごのくにふどき》くらいです。

　インドでは昴と北斗七星を次のようにとらえているようです。北斗七星は七聖仙（仙人）、昴は七聖仙の六人の奥さんだといいます。インド神話の聖仙は、ヴェーダの神々などものともしない、つわものぞろいです。

自分の妻と浮気《うわき》をした軍神《ぐんしん》インドラの睾丸《こうがん》をとってしまったゴータマ仙、忍耐《にんたい》強いヴァシシュタ仙、苦行《くぎょう》を続けたが天女の色香《いろか》に負けて神通力《じんつうりき》がなくなったヴァシュヴァーミトラ仙、二一人の妻をもったブラフマーの子カーシャパ仙、苦行中に寄ってくる女性を追い払うため「私と会えば必ず妊娠《にんしん》する」という呪文《じゅもん》をかけたプラスティヤ仙、目から月（ソーマ）が生まれたアトリ仙、アタルヴァ・ヴェーダのもとアタルタ・アンギラスで祭《まつ》られたアンギラス仙などで、文献《ぶんけん》によりメンバーが違ったりします。

七聖仙のうち、ヴァシシュタ聖仙だけが妻を信じていたのでヴァシシュタの妻は北斗七星の輔星《そえぼし》となっているともいいます。

シリウス

おおいぬ座の一等星、シリウスを知らない人は少ないことでしょう。そしてたぶん、全天一明るい恒星《こうせい》という肩書きも。星がよく見える冬の夜空に、青白く輝く姿は、高潔《こうけつ》な雰囲気《ふんいき》で、星々の王にふさわしい感じがします。

しかし、シリウスはどちらかというと、凶星《きょうせい》です。古代ギリシアではオリオンの犬の星、続く古代ローマでも犬星と呼ばれました。ローマ初期の詩人オウィディウスは、ローマでは麦の病気や日照《ひで》りは犬の星シリウスが引き起こすと考え、シリウスが太陽と同時にのぼる時期に、司祭《しさい》がシリウスに犬の内臓をささげる儀式《ぎしき》を行なっていた、と記録しています。想像するとちょっと怖い場面ですが、昔は作物《さくもつ》の病気や日照りは、国家の運命を左右するものでしたから、皆必死だったのです。

シリウスの語源は、ギリシア語の「焼き焦《こ》がす」という言葉からきています。それはどうやら、目を焼くような明るい光という意味ではなく、大地を焼き尽《つ》くす干《かん》ばつのことだったようです。前出《ぜんしゅつ》のローマの詩人オウィディウスは、不思議《ふしぎ》なことに、シリウスを「炎《ほのお》の色の星」と記述しています。昔の人は超高温《ちょうこうおん》の青白い炎など見たことがないでしょうから、これは赤い星という意味でしょう。紀元前はシリウスが赤く見えたのでしょうか。これは昔から天文学者の間でもいろいろ議論《ぎろん》がありましたが、結論《けつろん》はでていません。星の色はそんなに簡単《かんたん》に変わるものではないのですが……赤い色は大地を焼き尽くす星にふさわしいような気もしてきます。

とにかくローマ帝国で大変にきらわれたため、その後のヨーロッパでのシリウスの評判《ひようばん》は、歴史を通じてさんざんになってしまいました。

日本のとなりの古代文明、中国では、シリウスは、紀元前《きげんぜん》一世紀の『史記《しき》』をはじめ、古くから「天狼《てんろう》」という名前で書物に登場しています。狼《おおかみ》はどんなイメージでしょうか。赤頭巾《あかずきん》ちゃんの悪役？　孤独《こどく》でかっこいい？　近代になるまで狼は、家畜《かちく》を襲《おそ》い、おながすけば人間も群《むれ》で襲う、身近にいる恐い動物でした。中国でも、天の狼、シリウスは、盗賊《とうぞく》の首領《しゆりよう》とされ、疫病《えきびよう》をはやらせる不吉《ふきつ》な星とされていたのです。

この天の狼のすぐ隣り、おおいぬ座のお尻あたりに、「弧矢《こし》」という弓の中国星座があります。矢の先はシリウスの方を向いています。不吉な星、天狼を静めるための矢なのでしょうか。

ギリシア星座の原型を作った古代メソポタミアでは、シリウス近辺の星並びはカッカブ・バン（弓の星）と呼ばれ、ラッキーな星でも不吉な星でもありませんでした。また日本でも、シリウスは大星《おおぼし》と呼ばれ、これも良くも悪くもありませんでした。日本では明るい星はみんな大星と呼んでいましたので、シリウスだけの名前ではありません。

シリウスが、災《わざわ》いの星ではなかった国もあります。
古代エジプト文明では、シリウスは女神《めがみ》イシスを表わす星とされています（イシスはギリシア語の呼び名で、古代エジプト語ではアセトというそうです）。エジプト神話は、複数の神々が、相続《そうぞく》争いをしたり、仲なおりをさせようと努力したりする、人間的なたくさんの物語からできています。最も崇拝《すうはい》された神も、初期王朝のホルス神、古王国《こおうこく》のラー神、中王国《ちゅうおうこく》のアメン・ラー神、新王国《しんおうこく》からクレオパトラで終わるプトレマイオス朝のオシリス神と、次々と代替わりしていきます。しかし女神イシスは、オシリスの妻にしてホルスの母であり、いつの時代も不動の人気を博《はく》していたようです。エジプトを征服したローマ人にも気に入られ、ヨーロッパでもイシスの神殿が作られました。イシスの星、シリウスは、ナイル川の増水がおこる頃に太陽とともに昇り、豊かな土壌《どじょう》をもたらす星として、王や神官《しんかん》からも民衆からも好かれていました。

古代エジプト人は、天の赤道《せきどう》を三六に分けたデカンという星座を作りました。デカンは「星空は、西に少しずつ動いて、だいたい一日で一回転する」ということを使って、夜の時間をはかるために作られたのです。たとえば、地平線から三つデカンがのぼってきたら、二時間たったな、ということになります。この三六のデカンのうち、特に目立つオリオン座付近がオシリスのデカン、おおいぬ座のシリウス付近がイシスのデカンです。

中東の国イランは、歴史の中ではペルシアという名前で登場します。古代のペルシアの神話（ゾロアスター教の神話）の中で、シリウスは雨を降らせる恵《めぐ》みの神として登場します。ペルシア神話では、シリウスはティシャトリヤ星という名前です。ティシャトリヤ星は、仲間のアルデバランや北斗七星《ほくと》、昴《すばる》とともに、日照《ひで》りをおこす悪い神々と戦うのです。ヨーロッパの犬星伝説とは正反対ですね。ペルシアは不思議なところで、東のインド、西のメソポタミアと、ときどき正反対の内容の伝承《でんしょう》をもっています。

紀元前のインドで、古いインドのバラモン教の聖典「ヴェーダ」ができたのと同じ頃、ペルシアでも独自の宗教であるゾロアスター教の経典《けいてん》「アヴェスター」が作られました。地域は隣りあっており、成立年代《せいりつねんだい》も似ているためか、「ヴェーダ」と「アヴェスター」に登場するたくさんの神々は、共通しているものが多いのです。ただ、決定的に違ったのは、インドで善《ぜん》の神デーヴァが、ペルシアでは悪神になっており、インドでは悪役のアスラ神が、ペルシアでは善の神アフラマズダになっていることです。

column

剣にきざまれた星

古代中国の伝説的な王、禹王《うおう》は、自分の愛剣の腹上《ふくじょう》に二八宿《しゅく》（中国の星座）、面に星辰《せいしん》、背に山水日月《さんすいじつげつ》を記《しる》したと言われます。中国では、星は王のしるし。皇帝《こうてい》だけが、日月星辰を帯《お》びることを許されていました。

日本にも、星をきざんだ剣が残っています。きざまれている星はすべて北斗七星、または北斗七星といくつかの星です。ご存《ぞん》じの方も多いでしょう、七星剣《しちせいけん》といいます。

七星剣は、日本の刀剣史上《とうけんしじょう》古い方に入り、すべて直刀《ちょくとう》（まっすぐな剣）です。はっきりした七星剣は、四天王寺《してんのうじ》に一ふり、正倉院《しょうそういん》に一ふり、いずれも平安時代初期の作と伝えられています。どちらも、刀身《とうしん》に北斗七星の形の○を線で結んだ模様《もよう》が、金ではめ込まれています。もう一ふり、法隆寺《ほうりゅうじ》にある持国天《じこくてん》の像がもっている刀が七星剣であるそうです。この三ふりとも、国宝《こくほう》また国宝級の史料《しりょう》で、大切に保存されているので模様も目で確認できます。

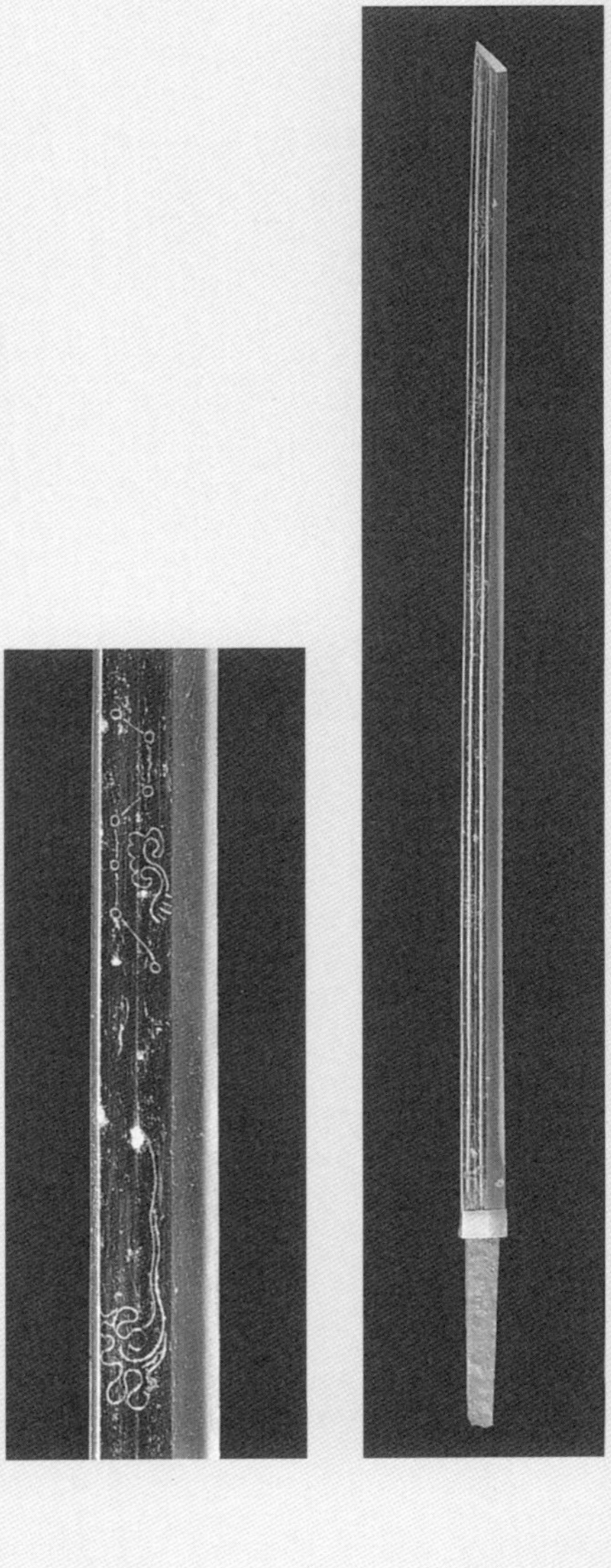

七星剣（国宝）
聖徳太子の持ち物ともいわれている．（四天王寺蔵）

はっきりしない七星剣、というのもあります。それは、土の中から出てきたもの、発掘品《はっくつひん》の七星剣です。土の中にあったのでサビサビで、剣の一部しか残っていませんが、発掘から二〇年たってX線撮影により、金ではめ込まれたあとがわかったものです。この七星剣だけは関東のもの。成田市稲荷山《いなりやま》遺跡《いせき》の出土品《しゅつどひん》です。

最近はテレビゲーム中にときどき出てくるため、なんとなく聞きなれている七星剣ですが、ホンモノはこの四ふりのみです。剣への金のはめ込みの技術はむずかしく、直刀の時代にはそうそう作れなかったことと思われます。実は剣の所有者も、はっきりとはわかっていません。

だれが、何のために、剣に北斗七星をきざんだのでしょうか。

2

いまの星座はどうやってできたの?

星座をたくさん作った民族はとても少ない

世界にはいろいろな民族がいますね。ヨーロッパとひとくくりにしたり、セルビア、クロアチアなどと細《こま》かく分けたり、民族の範囲《はんい》もいろいろです。最近は、国家や地域の区切りよりも、話す言語の違いで民族を分けることが多いようです。

ギリシアの星座は、国際天文学連合公認の現役《げんえき》バリバリで、皆さんもよく知っているでしょう。中国の星座やアラビアの星座は、星座の本にときどきのっていたりしますが、その他の民族の星座はどうでしょうか。たとえば、ゲルマン星座とか、ケルト星座とか、ジンバブエ星座とか、アルゼンチン星座とか……どこかで見たり聞いたりしましたか。

皆さんはおそらく、そういった民族の星座は、まったくご存じないことでしょう。日本で紹介されていないからでしょうか。いいえ。世界のどこでも、現地でも、そんな星座は聞かないはずです。世界のほとんどの民族は、全天《ぜんてん》に広がるような系統的《けいとうてき》な星座を作らなかったのです。ゲルマン星座やケルト星座なんてものは、ないのです。

全天をおおう、ちゃんとした星座を作った民族は、広い地球、長い歴史を探《さが》して、たった三つ。古代メソポタミアのいくつかの王朝、古代ギリシア、古代中国だけです。なぜ、たった三つなのでしょう。理由はおそらく、単純なものです。農業や漁業に役立ったり、王様の権力を見せつけたり、暦《こよみ》を作ったり、占《うらな》いをしたりするのに必要な星座は、黄道《こうどう》星座と、あとはせいぜい北斗七星、昴《すばる》、北極星くらいだからです。それ以外の星座は、あってもいいですけど、別になくてもだれも困りません。だから、上記の四つ以外は、土着《どちゃく》の呼び名がいくらかある程度で、あの派手《はで》なオリオン座ですら、何の記録もないという民族が多いのです。

星座を作るのは、一見《いっけん》簡単そうなのですが、ちゃんとやろうとすると、とってもたいへんな作業《さぎょう》です。

たしかに、三つ四つの星座でしたら、これはカンタンです。夜空を指さし、説明をすればよいのです。図に描くにも、そうむずかしくないでしょう。

しかし、空をおおうくらいたくさんの星座となると、話は別で、えらいことになります。今は、空の座標《ざひょう》が描かれた星図《せいず》があり、星たちを線で結んで、簡単に星座を形づくることができます。でも古代には星図がなく、星の位置は本物の星空を見ないとわかりません。そのたくさんの星が輝く夜空を見ても、天の赤道《せきどう》も黄道《こうどう》も線など引いてありませんし、ものさしをあてて星の位置をはかったりもできません。なにより、立体である星空を、平らな紙や、石版《せきばん》や、地面に描くことはたいへん高度なテクニックがいることでした。

しかも、星空は時間とともに動いていき、星座の形は変わらなくとも、地平線と星たちとの位置関係は刻々《こくこく》と変わっていきます。地平線を底辺《ていへん》として描く、安易《あんい》なカンバスが通用しない世界なのです。また、昼間は星座は見えませんから、全天の星を調べるためには、星座の中を一年かけて一周する太陽を待って、こちらも一年近くかけなければなりません。空の一部だけの、北斗七星、南十字、またはフォーマルハウト（みなみのうお座）などの輝星《きらぼし》だけ、といった少しの星座を作ることは、わりと簡単にできますが、たくさんの星座というと、いっきに、たいへん！になってしまうのです。

それでも、暦《こよみ》を作るために、どうしても必要なのが、黄道星座でした（星座でなくても、黄道あたりの恒星《こうせい》の位置がわかればよい)。統一国家を作っても、その国に共通の暦がなかったら、国の行事は何もできませんから。世界のどの古代の国家も、太陽と月の通り道の黄道星座だけは、ある程度は、その民族の暦作りの先生が、がんばって観測して調べていたと考えられています。しかしそれ以外の星座というと、目立つものだけでいいかな、というところで北斗七星と、昴と、あといくつかになってしまうのでしょう。これも当時の人々に話をきいてきたわけではないので、推測するしかないのですが。

中国——星空は地上の国の写し絵

では、全天をおおう星座を作った民族は、なぜ暦や占いに必要ではない部分の星座まで、苦労して作ったのでしょうか。実用以外の、何かすごい原動力《げんどうりょく》があったはずです。

中国には、史上はじめて中国を統一した秦《しん》の始皇帝《しこうてい》の時代から、星空は地上の似姿《にすがた》で、天の様子《ようす》は地上の現象《げんしょう》を写《うつ》している、という世界観があります。中国といっても、日本の国土の何十倍もあり、言語も民族もさまざまな国ですが、この世界観はいっしょのようです。中東やインド、西洋の星占いも、空の惑星《わくせい》の位置で地上の人々の運勢《うんせい》を決めるのです

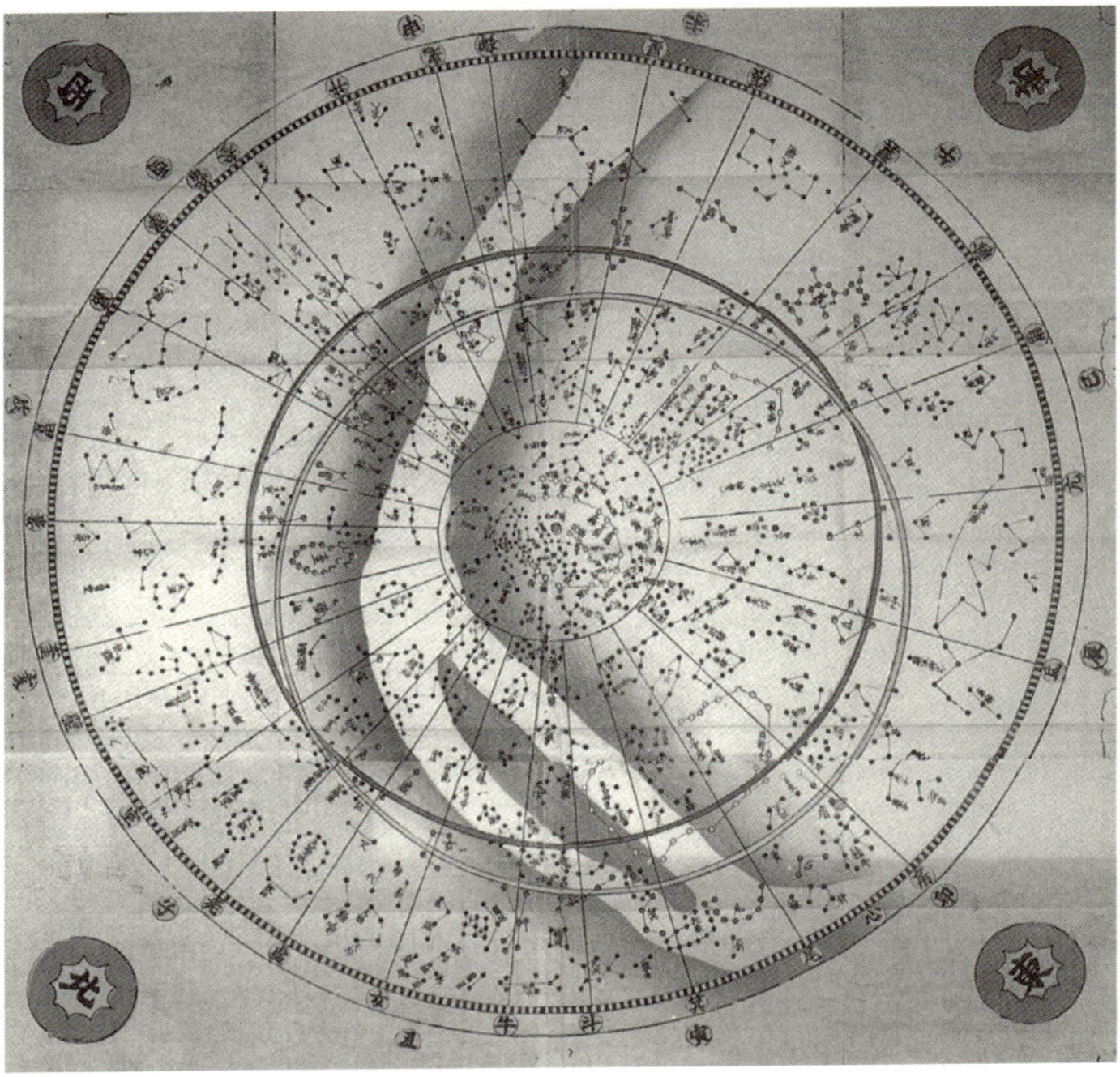

長久保赤水「天文星象図」
全天をくまなくカバーする中国星座．日本では西洋天文学が入った江戸時代も中国星座が使われていた．（国立天文台蔵）

から、似たような考え方かもしれませんが、中国ではそれがケタ違いに徹底《てってい》しています。まず、世界の中心は中国の場合、皇帝ですから、北極星は皇帝で、他の星は皇帝を中心に回っています。玉座《ぎょくざ》である北極星の近所には、天の宮廷《きゅうてい》である紫微宮《しびきゅう》があり、重臣《じゅうしん》たちやお后《きさき》、歴史上の賢者《けんじゃ》らがいて、軍隊や後宮《こうきゅう》、調理場、城壁、武器庫、両替所、道路に水路、井戸、馬小屋、動物園、植物園、池まであります。その周囲には町があって、いろいろなお店に市場、農場、役場、裁判所、寝る場所、倉庫、食料の貯蔵庫《ちょぞうこ》、牢屋《ろうや》、墓地、トイレの星座までしっかりあります。また、山や丘、川、島と、国土も星座になっており、星座の総数は三〇〇個近くになります。

実は中国の星座というのは、四神を描く黄道二八宿など一部をのぞくと、こういった現実的なものばかりです。本当に星空は、地上と同じ、地上の似姿になっているわけです。星空に、市役所座や台所座、味噌《みそ》貯蔵《ちょぞう》用かめ座などを探すというのは、中国の文化を多く吸収《きゅうしゅう》した私たち日本人でも、想像ができない世界です。

さて、星空に異変《いへん》があれば、それは地上のできごとに反映されると考えていた皇帝は、もちろんそれをなるべく正確に察知《さっち》しようとしていました。どの歴代《れきだい》国家も、国の天文台《てんもんだい》を作り、空に異変がないか、天文学者たちに観測《かんそく》をさせていたのです。毎日、つまり毎晩、ずっとです。

この中国の歴代王朝の公式天文記録は、今、世界で最も信頼のおける天文古記録として、古天文学や天文学史の研究に役立っています。中国以外の国、ヨーロッパやアジア、アメリカ大陸などの古い天文現象の記録は、特別変わった天文現象が起きた時だけ記録しました、というものがほとんどです。しかも記録が運よく残っていた分しかありませんので、毎日欠かさず古代からずらりとそろっている中国の観測記録の信頼度は段違いです。

今は小さいパソコンで、古代の日蝕《にっしょく》や月食《げっしょく》、惑星《わくせい》どおしが接近して見える現象など、とても気が長い計算が必要な現象でも、少し時間をかければできてしまいます。しかしそれは、あくまで机上《きじょう》の計算結果であって、当時の記録は大変貴重《きちょう》なものです。また、新彗星《しんすいせい》や超新星などの突発的《とっぱつてき》なものは、どうがんばっても過去も未来もまったく予測できませんから、これはほとんど中国の記録にたよっている感じです。

中国の国家作りに学んだ、日本の歴代政府はどうだったのでしょうか。

中国にならい、国が定める暦を重視していた日本の大和朝廷《やまとちょうてい》は、帰化人《きかじん》による陰陽寮《おんみようりよう》（暦作りと天体観測をするお役所組織）を初期から作り、中国のような連日の天体観測を行なっていました。初めて誕生《たんじょう》した朝廷以外の政権である鎌倉幕府《かまくらばくふ》は、同じく中国にならって独自の暦を作り、独自の天文現象記録を幕府の正史《せいし》とされる『吾妻鏡《あづまかがみ》』に残しています。鎌倉幕府は朝廷を倒そうとはしなかったので、京都には変わらず御所《ごしょ》もあり陰陽寮もありました。著名《ちょめい》な藤原定家《ふじわらのていか》の天文記録つきの日記『名月記《めいげつき》』は鎌倉時代の作品です。

ここまではよかったのですが、続く室町時代は、すぐ戦乱の世《よ》になってしまい、天体観測どころではなかったようで、天文現象記録はうやむや状態です。江戸時代になって、陰陽師《おんみょうし》による古い天文計算方法や観測方法が、江戸幕府の天文方《てんもんかた》によって修正され、日本にあわせた天体暦を使った近代的な天体観測が行なわれるようになり、現在に至ります。飛鳥《あすか》、奈良、平安、鎌倉時代の天体記録ですが、中国に比べると書き間違いも多く、根拠《こんきょ》として使用するためには裏をとる必要があります。

気にくわないけどすごい隣人

エーゲ海をはさみお隣りどうしの中近東（アラブ、西アジアでもよい）とヨーロッパ（特に南ヨーロッパ）は、歴史的に、ペルシア戦争、十字軍……と、あまり仲がよいとは言えない間柄です。文化でも、言語でも、宗教でも、もう見えない線が引かれているみたいに、くっきりと分かれています。でも、科学技術という分野においては、ヨーロッパと中近東は、口には出さずともお互いを高く評価しつづけてきた歴史があります。相手が何かよさそうなものを持っていたら即座に輸入《ゆにゅう》し、とり入れ、自分たちのものとして役立ててきました。

そして紀元前三世紀のアレクサンドロス大王の遠征《えんせい》のあとからは、もっと東のペルシアとインドまで、地中海世界との文化と貿易《ぼうえき》の交流が存在していました。仲よしというのではありませんが、自分たちがもっていないものを、お互いの文化にとり入れていたのです。

同じ思想をもった国家が続かないかぎり、文化の継承《けいしょう》は容易《ようい》ではありません。特に、食べていくのに必要のない自然科学の一部は。

中国は広大《こうだい》な面積に多くの国家が立ったのに、五〇〇〇年の歴史のなか、自然科学も哲学もほぼ継承され、発展をとげました。北はシベリア、西はモンゴル、南は東南アジアに達し、言葉も文化も細かく分かれているというのに、何というか、さすが龍《りゅう》の国です。

エジプトは、川はナイルだけしかなく、中国ほど広がっておりません。一見、ファラオ

（王）のもと、紀元前三〇〇〇年の古王朝から、最後の女王クレオパトラまで、同じ王朝のように見えますが、途中《とちゅう》何度か外国の侵略者《しんりゃくしゃ》や、反乱民族が王権をとった時代がありました。しかし、そのあとエジプト人王朝が復帰したので、エジプトの文化は多少色合いを変えながらも継承されていきました。

いま最も熱い歴史論争の地、インド。古代のインドでは、紀元前二六〇〇年頃、上下水道を備《そな》えたモヘンジョ・ダロなどのインダス文明（ハラッパー文明）が彗星《すいせい》のごとく興《おこ》ってはまた滅び、しばらく空白が続きました。謎の多い文明です。紀元前一四世紀からは、トラヴィダ人を南に追いやり支配層となったとされるアーリア人の、「ヴェーダ」を中心とする文明になりますが、二一世紀になって「アーリア人など来なかった」という反証が提起《ていき》され、歴史は混乱中。いまのインド人が最初からずっといて、ヴェーダ文化もインドのもの、というのが新しい説です。どちらが主流になるのかはまだわかりません。いずれにせよインドは、民族も言語も国家も宗教も、複数が入り乱れて存在する独特のお国がらです。渾沌《こんとん》のなか、ヒンドゥー教と仏教の発祥《はっしょう》の地でもあります。なお、隣りのイラン（ペルシア）は、起源が同じ神話をもちながら、インドと神々の善悪が反転しています。メソポタミアでもインドでもない独特の文化と価値観は、双方《そうほう》に大きな影響を与えました。

ガンジス河の地上への降下を描いた石碑
インド神話では，ガンジス河（女神ガンガー）は最初は天を流れていた．神々がそれを魚もろとも地上へと降下させようとした．しかし，あまりの水量に大地が壊れそうになったので，シヴァ神が自分の髪の毛で河をうけとめ，7つの支流にして地上へ流したという．女神ガンガーはシヴァの妃ウマーの姉である．

続くメソポタミアとヨーロッパですが、この二つが星座を作った文明なのですが、星座文化の継承という点では、あまりうまくいっておりません。メソポタミアは、新バビロニアで極《きわ》めた伝統の数理《すうり》天文学が、セレウコス朝シリアという国までは続きましたが、そのあとはウヤムヤで、イスラーム帝国初期には国家レベルでは完全に忘れられました。天文学とペアの星座も同様です。

メソポタミア以上に忘れっぽいのが、南ヨーロッパの文明です。地中海の最初の文明は、紀元前一八〇〇年頃にクノッソス神殿を作ったクレタ文明（ミノア文明）、そのクレタを滅ぼした紀元前一五〇〇年頃のミケーネ文明ですが、あわせて古代エーゲ文明といいます。ギリシア時代には古代エーゲ文明の存在そのものが忘れられ、トロイア戦争なども、神話の中の話だと思われていました。この古代エーゲ文明は、一九世紀後半のシュリーマンのトロイア発掘《はっくつ》まで、三〇〇〇年以上忘れられていました。

メソポタミア、ギリシアともに、現地では廃《すた》れてしまった天文学とそれにまつわる星座の文化ですが、幸いにもぜんぜん別の国が継承していました。メソポタミアの場合は、カルデア（新バビロニア）の科学の数々を高く評価したギリシアが、ギリシア天文学の場合は、アレクサンドリア図書館とともに燃え尽きかけた自然科学を自分たちの力としてとり入れたインド、ペルシア、そしてイスラーム帝国のアッバース朝――アラビアンナイトの国が、受け継ぎ、そして発展させました。

「ファイノメナ」の謎

いま使われている八八個の星座のうち、昔からあってポピュラーな四八個を「プトレマイオスの四八星座」と呼んでいます。具体的にあげますと、次のとおり。

おひつじ、おうし、ふたご、かに、しし、おとめ、
てんびん、さそり、いて、やぎ、みずがめ、うお、
おおぐま、こぐま、うしかい、ケフェウス、カシオペア、アンドロメダ、
りゅう、ペルセウス、さんかく、ペガスス、いるか、ぎょしゃ、
ヘルクレス、こと、はくちょう、わし、や、かんむり、
へびつかい、へび、こうま、オリオン、おおいぬ、こいぬ、

うさぎ、アルゴ、くじら、エリダヌス、みなみのうお、さいだん、
ケンタウルス、うみへび、コップ、からす、おおかみ、みなみのかんむり

どこかで聞いたことがある、あるいはよく知っている星座たちですね。これ以外の四〇個は、ポンプ座やつる座など、新しく作られた星座と、きょしちょう座やテーブル山座など、南半球の星座たちです。

プトレマイオスは、二世紀ごろのアレクサンドリアの地理学者です。『アルマゲスト』(別名メガレ・シュンタクシス)という天文書で、当時ローマ周辺で使われていた四八の星座を詳《くわ》しく紹介した人物です。それまでも、ギリシアの天文学を伝える書物はありましたが、『アルマゲスト』はその集大成《しゅうたいせい》のような作品でした。その本とともに、ギリシア星座も広まっていったので、古い伝統ある星座のことをプトレマイオスの四八星座と呼んでいます。

ギリシアで最初に星座の名前がでてくるのは、たいへん古く、紀元前九世紀の詩人ホメロスの『イーリアス』『オデュッセイア』です。でもちょっぴりだけです。プレアデス(おうし座?)、オリオン座、うしかい座、おおぐま座が登場します。それ以降四〇〇年ほど

惑星の運行を記録した古代メソポタミア・ウルク出土の粘土板
表の上には，うみへび座としし座が実際の星空と同じ配置で描かれている（東西が逆になっている）．

の長い間、ギリシアの詩人たちの詩に、ホメロスと同じ四つの星座がちらほらと登場するだけでした。

紀元前五世紀になると、詩に登場する星座に黄道星座などが加わり、急に種類が増えます。紀元前四世紀には、星座四四個をまとめて記録した書物『ファイノメナ』が、天文学者エウドクソスによって書かれました。それまでは詩や物語にちらほらでるだけで、まとまった星座リストがありませんでしたので、画期的《かっきてき》でした。ただ原文はまったく残っていません。しかし、紀元前三世紀のマケドニアの詩人アラートスが、それを同じタイトルの詩「ファイノメナ」に書きなおしたものが残っています。詩の「ファイノメナ」が、ギリシア星座のリストの中で、史上最も古いものとなります。「ファイノメナ」星座リストの中身は、プトレマイオスの四八星座と、こうま座、へび座、おおかみ座、みなみのかんむり座をのぞいて、同じものです。

紀元前三世紀のアラートスの「ファイノメナ」が、現行《げんこう》の星座の記念すべき原典なのでしょうか。ところが、そうでもないようです。紀元前二世紀の天文学者、ヒッパルコスから、早々にご指摘がはいっております。ヒッパルコスは、望遠鏡もパソコンも、いや電卓すらない時代に、地球の地軸《ちじく》が二万六〇〇〇年の周期で回転する歳差《さいさ》という現象を、自分の天体観測と過去の記録などから発見した、おそらく紀元前のギリシアにおけるナンバーワンの天文学者です。ただ、今回の彼の疑問は、細かい点ではなく、非常にわかりやすく単純なものです。

「ファイノメナ」リストにある星座のいくつか（ケンタウルス座、さいだん座、おおかみ座）は、当時のギリシア地方では、地平線上にのぼらず、ほとんど見えなかったのです。

ヒッパルコスが指摘したのは、なぜ、見えない星座なんかを星座リストに入れたわけ？という、疑問でした。

ケンタウルスが見える国

エウドクソスやアラートスは、なぜ自分の国から見えない星座――ケンタウルス、さいだん、おおかみ座など――を、星座リストに加えたのか、いやそれより、なぜ見えない星座を知っていたのでしょうか。答えは一つ、それらの星座は当時のギリシア人以外のだれかが作り、それがギリシアに伝わったからです。しかもギリシアから見えない星座たちは、星座リストに入れなければならないほど、ギリシア人にとって重要なものだったのです。

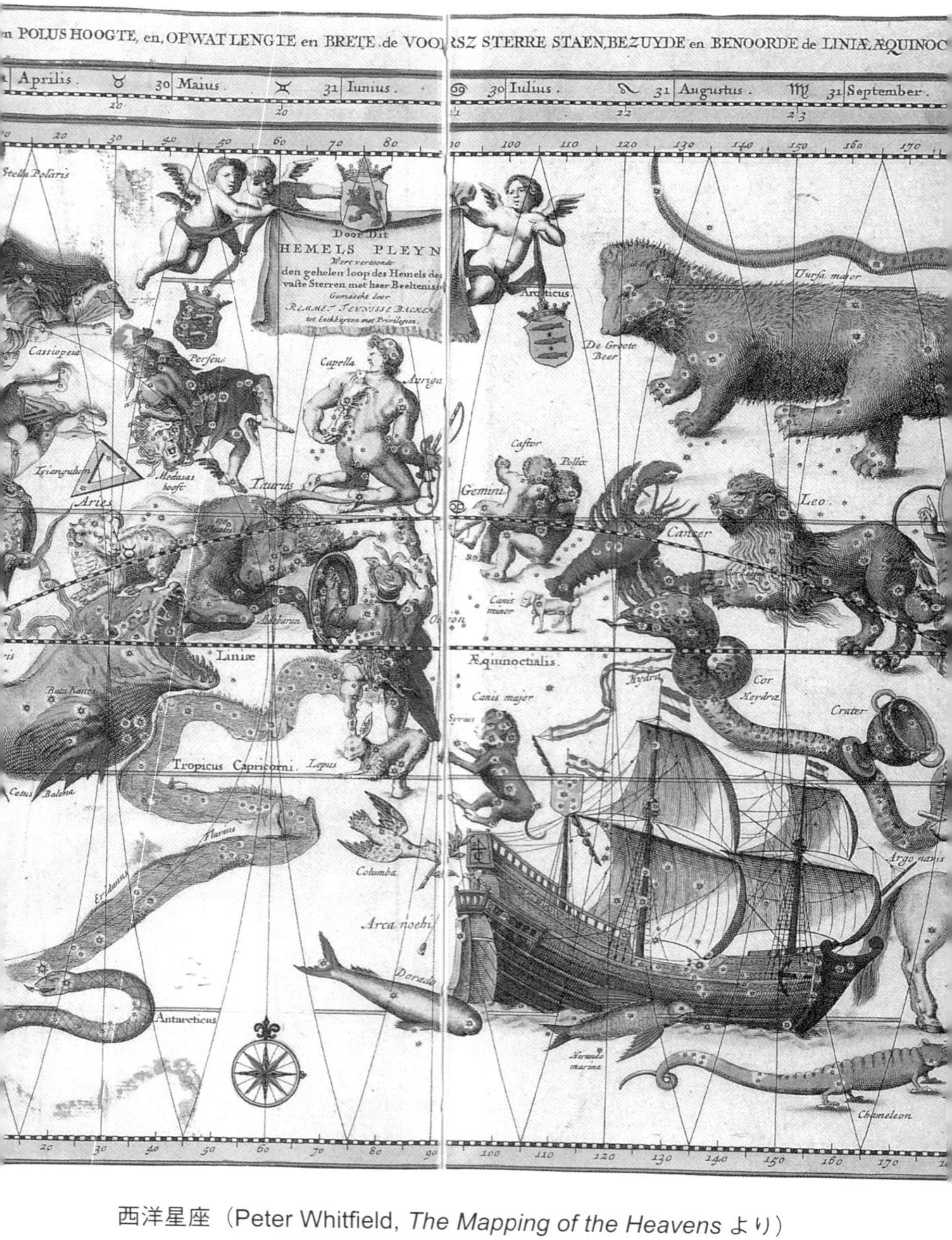

西洋星座（Peter Whitfield, *The Mapping of the Heavens* より）

ERRE KAERT OF HEMELS PLEYN, WAER DOOR MEN KAN WETE HOE LAET DAT HET IS OVER DE GEHELE AERTKLOOT, OP AL
30 October
31 November
30 December
31 Ianuarius
31 Februarius
28 Mart
Ursa Minor
Draco
Staert vande Groote Beer
Cephus
Bootes
Coma Berenices
Corona Septent
Lyra
Cygnus
Tropicus
Virgo
Hercules
Aquila
Delphinus
Pegasus
Serpens
Serpentarius
Aequinoctial
Antinous
Aquarius
Lybra
Spica virginis
Capricornus
Corvus
Scorpius
Sagyttarius
Pisces
Centaurus
Fera lupus
Corona aust
Grus
Ara
Cratero
Pavo
Indus
Circulus
Toucan
Musca
Triangulum aust
Paradisea

ケンタウルス座は、南半球からよく見える星座の一つです。ナイル川の上流とか、そうとう南に行かないと、ギリシア国内をちょっと移動した程度では見えません。

かつて、エーゲ海近辺からケンタウルス座が見えた時代はありました。紀元前二〇〇〇年頃、またはそれより前です。歳差《さいさ》という地球の首ふり運動で、二万六〇〇〇年の周期で北極星が変わり、それにともなって地平線上にでる星もうつり変わっていく現象《げんしょう》のためです。紀元前二〇〇〇年頃、北極星はりゅう座のα《アルファ》星ツバーンです。

しかし紀元前二〇〇〇年、ギリシアは青銅器《せいどうき》時代で文字はなく、もっと古いミノア、ミケーネ文明もまだ興《おこ》っていませんでした。エーゲ海に人は住んでいましたが、文明とはいえずケンタウルス座が見えていても、何も起こらず終わっているでしょう。

ケンタウルスが普通に見えていたこの時代に、エーゲ海周辺で、星座を記述するくらいの力があったのは、次の二つです。ギザの三大ピラミッドを建設したばかりの古王国時代のエジプトと、シュメールが滅び、アッカドが文化を継承したメソポタミアです。

エジプトの星座はデカンといい、天の赤道付近をを三六に分割して、おもに時間を測定するのに使ったものです。赤道を大きくはずれたケンタウルス座とは、どうにもつながりません。神話的にもケンタウルスはエジプト的ではありません。

残ったメソポタミア文明が、ケンタウルス座のほか、主なギリシア星座のもとを作った文明です。メソポタミアは一本道ではなく、いろいろな民族がやってきて国家を作りました。どの民族が星座を作ったのかを見てみましょう。

紀元前三〇〇〇年の古くから活躍《かつやく》したシュメール人は六〇進法《しんほう》を使い、税金や役人の給料、麦の取れ高を詳細《しょうさい》に計算した、数学大好き民族です。続くアッカド人も、シュメールの文化に敬意を表《ひょう》して、多くを受け継《つ》いでいました。どちらの民族も、神々は天にいるとして、太陽、惑星、月、天空などの天体の神々を自分の都市の神としていました。

シュメール人は、とっても星座を作りそうな雰囲気《ふんいき》がありますね。しかしシュメール人のお金の計算が多い文献《ぶんけん》（といっても粘土板《ねんどばん》）にも、アッカド人の戦争の話題が多い文献（もちろん粘土板）にも、はっきりとした星座の話はでてきませんでした。

ではその次、シュメール・アッカド時代の次にメソポタミアを支配した、アムル人の古代バビロニア王国はどうでしょうか。建国が紀元前一八〇〇年あたりです。計算をしてみると、ケンタウルス座もまだ見えています。

これが正解で、古代バビロニア時代の長い文書「創世記物語《そうせいきものがたり》」（通称《つうしょう》「エヌマ・エリシュ」）

アル・スーフィー (903-986) の星図の中のケンタウルス座

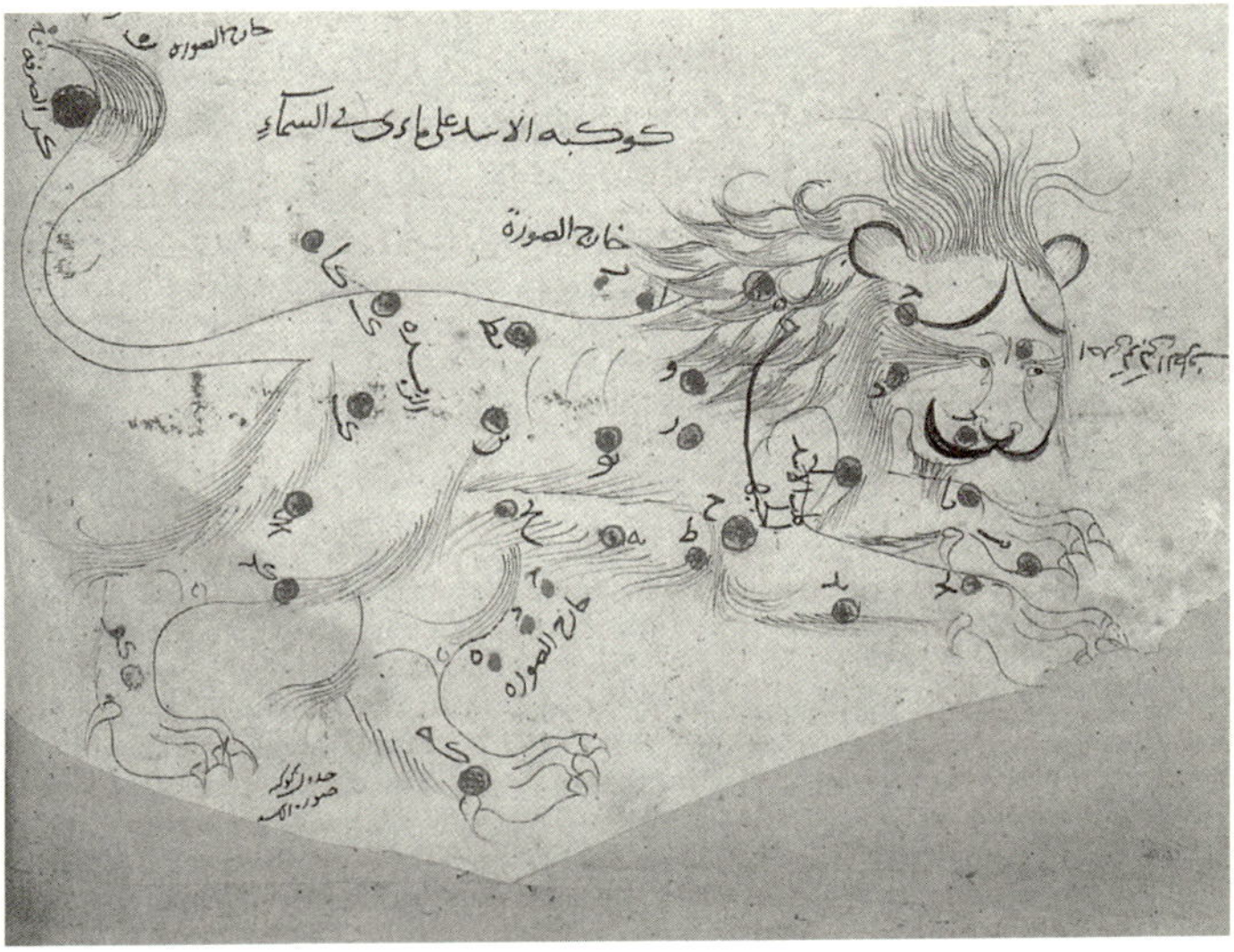

しし座の星についてアラビア語で解説した星座絵

に、「ファイノメナ」の星座がいくつかでているのです。ふむふむ、古代バビロニア王国で星座ができて、それがギリシアに伝わったわけですね？　ところが、そう結論できないところが、星座誕生物語の歯切れが悪い理由です。理由は次のとおりです。

古代バビロニア時代はアッカド語という言葉が使われていましたが、「エヌマ・エリシュ」も大半はアッカド語で書かれています。しかし星座の名前の部分はシュメール語になっているのです。「エヌマ・エリシュ」だけではなく、メソポタミアのどの文書も、星座の名前だけはシュメール語で書かれているのだそうです。シュメール語は、表音表意文字《ひょうおんひょういもじ》で、表音文字のアッカド語に比べて文字数が多くて記述がたいへんな言語です。バビロニア人がわざわざシュメール語で星座を作るはずがないので、星座名はシュメール時代から伝わっていたと考えられるわけです。しかし、シュメール時代の星座文献はゼロ……。

つまり、私たちがよく知っている星座のもとを作ったのは、紀元前二〇〇〇年前後のメソポタミア文明の国で、シュメール諸国か、アッカド諸国か、古代バビロニアか、どれかなのだけれど、よくわからない、ということなのでした。

カルデアからギリシアへ

古代バビロニア時代のあと、東からやってきたカッシート人が長い間バビロニアを無難《ぶなん》に治《おさ》め、そのあとにアッシリアがチグリス・ユーフラテス一帯《いったい》に、古代バビロニアに匹敵《ひってき》する大帝国を作りました。栄華《えいが》をきわめたアッシュールバニパル王は、首都《しゅと》に粘土板の図書館を作り、星座文献も多くはここからでています。

そして紀元前六世紀、新バビロニアがバビロンに建国され、ペルシア地方のメディアと連合してアッシリアを滅ぼしました。新バビロニアはカルデアともいい、セム語系のカルデア人という人々の国です。新バビロニアを名乗るように、古代バビロニアの文化を重んじて、高い塔や神殿を作って星の神々を祭ったり、町を整備して道路を作り、交易《こうえき》を行なって栄えました。ネブカドネザル二世の時代には、有名なバベルの塔（バビロニア名ではエテメンアンキ）や、世界七不思議《ふしぎ》に入っている「バビロンの空中庭園」といわれる水が循環《じゅんかん》する庭園を作りました。天体観測もよく行ない、惑星の会合周期《かいごうしゅうき》などを計算し、暦は一九年七潤法《じゅんほう》（メトン）という精巧《せいこう》なものを使っていました。

シュメール時代から、連立《れんりつ》で解《と》く方程式《ほうていしき》、ピタゴラスの定理《ていり》を知り、平方根《へいほうこん》を計算していたメソポタミア文明ですが、惑星、月の運動について初めて数式で詳細に記述を行なったので、メソポタミアの数理天文学はカルデアから始まったとする研究者も多くいます。カルデア人は自然科学が得意でしたが、同時に占いが大好きで、肝臓《かんぞう》占いなどを考案しました。新バビロニア王国が一〇〇年ほどでアケメネス朝ペルシアに滅ぼされると、カルデア人の一部は、国を出てエジプトやギリシアなどの周辺国に移り住んでいったようです。カルデア人といっしょに、天文学や化学・数学の知識と、おまけとしてさまざまな占いが、彼らの知識を優遇《ゆうぐう》する国へと優先的に伝わっていったと考えられています。

天文学と星座は、メソポタミアから砂漠《さばく》を渡り、ギリシアに行くまでに、さまざまな国を通過しました。ちょっと寄り道の大国エジプトは、カルデア人の知識人を宮廷で重用《ちょうよう》し、その知識がローマ時代まで継承されました。重要な仲介役《ちゅうかいやく》を果たしたのが、テュロス、シドン、ビブロスなど、海上貿易《かいじょうぼうえき》で栄えたフェニキア諸国（今のレバノン、イスラエルあたり）でした。フェニキアは、当時カナーンとも呼ばれ、アッシリア風の神話をもった黒髪のセム人の国でした。交通の要所《ようしょ》で、世界各国の商人や武人、芸術家や知識人が集まり、情報の宝庫で、「ファイノメナの星座」そのものに、大きな影響を与えたと考えられています。

フェニキアで、メソポタミアでは知られていない星座が作られ、それがいっしょにギリシアに伝わったと考えられています。それはメソポタミアの文献にでてこない、秋の星空のエチオピア王家の物語の星座たち、アンドロメダ座、カシオペア座、ケフェウス座の三つです。ペガスス座、くじら座、ペルセウス座も、メソポタミアとは名前が違っています。

古代エチオピア王家の伝説とは、ギリシア神話の一部で、次のようなものです。

エチオピア王ケフェウスの妃カシオペアは、大変美しい女性でしたが、その美しさを自慢《じまん》しており、「自分(または、自分の娘)は海の精《せい》ネレイドたちより美しい」と言ってしまいました。ネレイドはそれを聞いて怒り、父である海の神ポセイドンに訴《うった》えました。ポセイドンは高慢《こうまん》な人間をこらしめるため、エチオピアの国に海の怪物ティアマトを送り、毎日津波を起こして人々を苦しめました。

困ったエチオピア王と王妃が神託《しんたく》を伺《うかが》うと、海の怪物を鎮《しず》めるには、娘のアンドロメダ姫を生贄《いけにえ》に捧《ささ》げるしかない、とのこと。二人とも困りましたが、それを聞いたエチオピアの民衆は、姫を宮殿からひきずり出し、海辺の岩にしばりつけてしまったのです。

そして海の怪物が襲《おそ》ってきますが、そこに怪物メデューサを退治《たいじ》した帰りの英雄ペルセウスが、天馬ペガススにのって通りかかりました。ペルセウスは、もっていたメデューサの首をつき出すと、海の怪物は石になってしまい、アンドロメダは助かりました。

ペルセウスとアンドロメダ姫はその後、ペルセウスの故郷のアルゴスに帰って結婚し、幸せに暮らしました。この二人の子どもから、ペルシアの王家の血統《けっとう》がうまれました。

とっても西洋風にきこえる伝説ですが、舞台はエチオピア。ギリシア神話の中で、エチオピアの話としてでているのです。美を自慢したカシオペアもエチオピア人、なわけです。そしてギリシアの海神ポセイドンが、なぜか遠くアフリカの国までちょっかいを出しにいく話なのです。

古代のエチオピアは、エジプトの南東側、紅海《こうかい》に面したアフリカの国（現在は海に面していない）で、人種はアフロ系です。エチオピア王朝は今のアフリカ諸国の中では歴史が古く、紀元前一〇世紀頃のシバの女王とソロモン王（古代イスラエル王国第三代の王）の血を引くというアクスム王朝までさかのぼります。

さて、エチオピア現地で、地元の伝説といったら、だんぜんシバの女王の物語で、他はほとんどききません。エジプトまで範囲《はんい》を広げて調べても、アンドロメダ伝説らしい話は、カケラもありません。ギリシア神話の中のエチオピアは、当時のエチオピア——アフリカの国ではないようです。ではどこの国のことでしょうか。

アンドロメダ伝説

まず古代エチオピアは実在するのでしょうか。ホメロスらが伝えるギリシア文明以前の地中海の古代文明の様子を、かなり忠実に記録していました。しかし、それがわかったのはほんの一三〇年ほど前。紀元前一五〇〇年頃栄えた古代ミケーネ文明は、一八世紀後半にシュリーマンがトロイア遺跡を発掘《はっくつ》するまでは、ギリシア神話の中の空想の国やできごとだと思われていました。地中海の古代文明にはもう一つ、クレタ文明がありますが、これまたエヴァンズ卿《きょう》が発掘するまでは、やはり実在しないとされてきました。ギリシアの詩に、古い時代から登場するアンドロメダ伝説の古代エチオピアが架空《かくう》の国だとはだれも考えていません。少なくともモデルがあるはずです。

ではどこの国なのでしょうか。前述のとおり古代エチオピアや、古代エジプトにはなさそうなので、他を見てみると、紀元前二六〇〇年頃に誕生し、長年エジプトと争い、紀元前七五一年にはエジプトを征服したヌビアのクシュ王国があります。しかしクシュ王国、ヌビア民族にも、アンドロメダ伝説らしき話はまったく存在しませんでした。

視点を変えて、アンドロメダ伝説から考えてみますと、海の精《せい》ネレイド、海の怪物ティアマト、アンドロメダが生贄《いけにえ》にされたのは海岸であるなど、みな海に関係しています。海の民族の伝説と考えられます。古代の海の王国というと、ギリシア諸国、ミケーネ・ミノア文明諸国、フェニキア諸国、その植民地などがあげられます。

ヨーロッパの伝承を調べると、アンドロメダ物語の海の怪物は「ジョッパの怪物」と呼ばれることがある、というのがでてきました。ジョッパ（Joppa）とは何なのでしょうか。アンドロメダ伝説にはでてこない名前ですが、「ジョッパ」を検索《けんさく》してみると、「プリンセス・オブ・ジョッパ」という英語版ブリタニカ百科事典の説明文が見つかりました。それは、「アンドロメダ」の項目で、よく読むと「アンドロメダは、エチオピアと呼ばれていたパレスチナの都市、ジョッパの王女である」と書かれています。

アンドロメダ伝説は、最近、謎ではなくなっていたようです。古代ギリシアからエチオピアと呼ばれていた地方は、フェニキアから下《しも》エジプトまでの広範囲にわたり、アンドロメダ伝説はその中のフェニキアの港町ジョッパの物語でした。ジョッパは旧約聖書にもでてくる歴史ある都市。ジョッパの王女アンドロメダは、黒い髪、黒い瞳《ひとみ》、西洋風の彫《ほ》りの深い顔だちのパレスチナ人です。彼女の子孫《しそん》がペルシア王という設定も自然です。ジョッパの町は地中海に面し、じゅうぶん海の神ポセイドンのテリトリーであり、何より海上貿易でメソポタミアからイタリア、西アフリカまでを相手にしていた海の王国フェニキアの一員です。

イスラエルの大都市、テルアビブのそばに、観光名所「アンドロメダの岩」がある町があります。「ヤッフォ」という古い町並《まちな》みがつづく港町です。今は小さい町ですが、紀元前一八〇〇年頃、アテネやスパルタが存在してない時代から歴史の記録にでてくる古いフェニキア都市なのだそうです。そう、ヤッフォは現在の名前で、古代史上では、ジョッパという名前で知られています。

column

消えた星座たち

ヨーロッパとイスラームの国では、長いあいだプトレマイオスの四八星座と呼ばれる、メソポタミア起源・ギリシア製の星座が使われていました。しかし、一五世紀に大航海時代がはじまり、南半球でしか見えない星空をヨーロッパ人が知ることになりました。南天《なんてん》の星座が作られていきましたが、あわせて天文学者のあいだで新星座作りのブームもはじまりました。二〇世紀になるまでは星座はだれが作ってもいいものだったのです。そんな時代に作られて、その後消えていった星座たちを見てみましょう。

☆一八世紀の天文学者、フランスのラランドが作った軽気球座［図1］

☆猫好きのラランドが作った猫座［図2］

犬はいくつも星座になっているのに……と思ったにちがいない。

☆一七世紀ハレーが作ったチャールズ王の樫の木座［図3］

清教徒革命で追われた英国王チャールズ一世が隠れて命拾いした樫の木で、その樫の木は実在する。

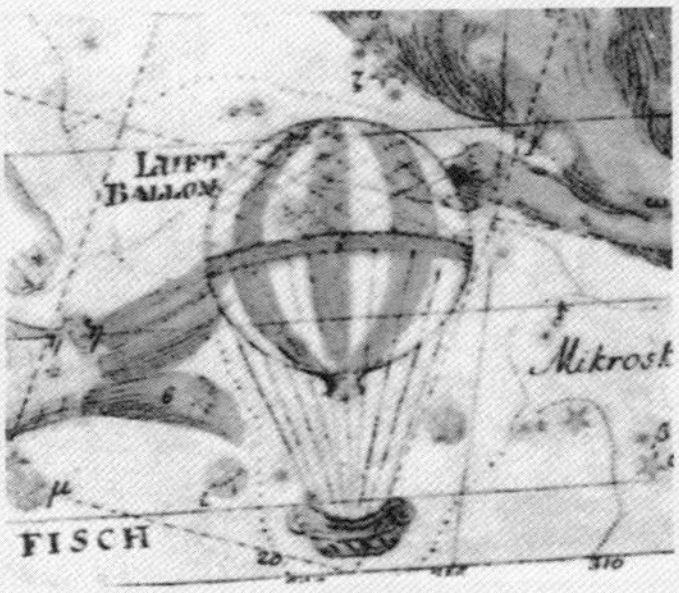

1

2

3

☆ジョージ王の琴座［図4］
ウィーンの天文台長ヘルが英国王のために作った星座。音楽好きの英国王が、オーストリア継承戦争でマリア・テレジアを支援したため、そのお礼ではないかと思われる。

☆ヘルが作ったハーシェルの大望遠鏡座［図5］
天王星発見記念。これはなくなったが、小望遠鏡座は、望遠鏡座として残った。

☆一七世紀ドイツのヘベリウスによるケルベロス座［図6］
ヘルクレスの一二の荒行の一つが、地獄の番犬ケルベロスの生捕りだ。ケルベロスは三つ頭の犬だが、なぜか星座絵は蛇になっている。星座は消えたが、絵だけはヘルクレス座に今も残っている。

☆ヘベリウスによる、マエナルス山座［図7］
ギリシアのアルカディアの低山。ローマの大詩人ウェルギリウスの「牧歌」に登場する。

☆一七世紀、キルヒによるブランデンブルクの王笏座［図8］
キルヒは変光星、彗星などの観測で知られるプロイセン王立アカデミーの主任天文官。地元のブランデンブルク選帝侯《せんていこう》フリードリヒ一世にささげた星座らしい。

☆キルヒによる皇帝の果実座［図9］　キルヒ自身の星図以外で見られない星座。

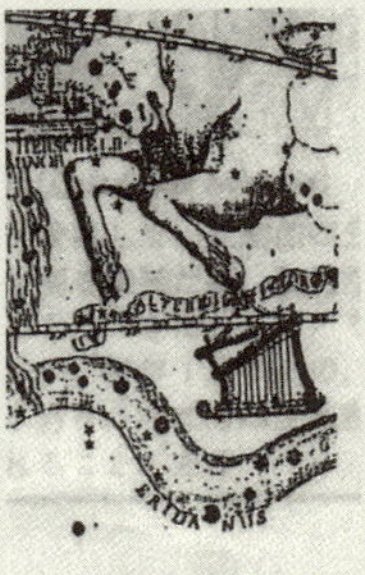

4

5

Cerberus

6

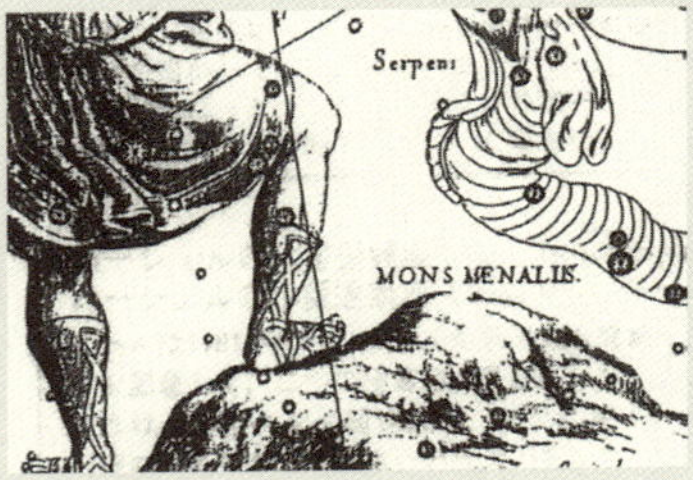
Serpens
MONS MENALIS.

7

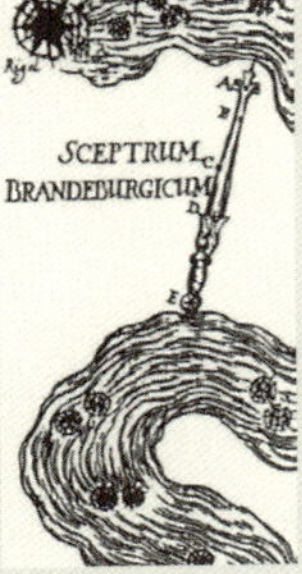
SCEPTRUM
BRANDEBURGICUM

8

TAB.IX. ad A: 1688. pag. 452
POMUM
IMPERIAL

9

☆一八世紀にフランスのルモニエが作ったトナカイ座［図10］
一七三六年、ルモニエは地球の形を実測するためのラップランド遠征隊に参加し、その記念に星座にした。有名な「フラムスティード天球図譜」に点線で掲載されている。

☆ルモニエによるつぐみ座［図11］
インド洋の島にすむ飛べない鳥のことらしいが、画家はふつうのつぐみを描いている。

☆一八世紀、ドイツのボーデの星図にあるつぐみ座［図12］
こちらの鳥のほうがルモニエの話にあっているようだ。

☆ボーデが作ったフリードリヒの栄誉座［図13］
プロイセン王フリードリヒ二世にささげた星座。栄誉を物体にしてしまうとはすごい。

☆一九世紀初頭、ボーデが作った電気機械座［図14］
当時のハイテクを星座にしたもの。絵から察するに、静電気をためたあとで放電させるライデン瓶である。日本ではエレキテルと呼ばれていた。機械ものの中では味のある星座だった。

☆一七世紀、シラーの聖ヨセフ座［図15］
全天がキリスト教関係という星図。黄道一二星座はキリストの一二人の使徒。

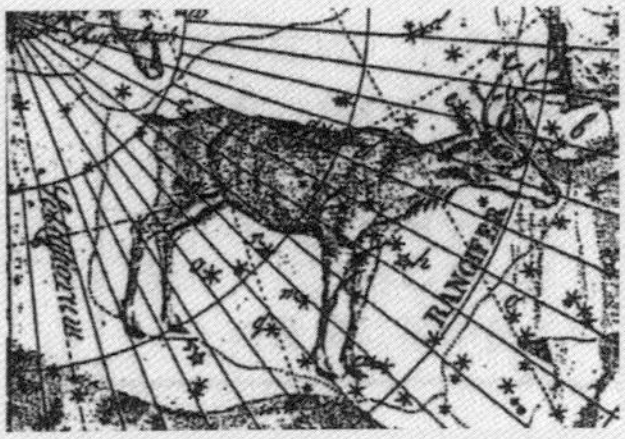

10

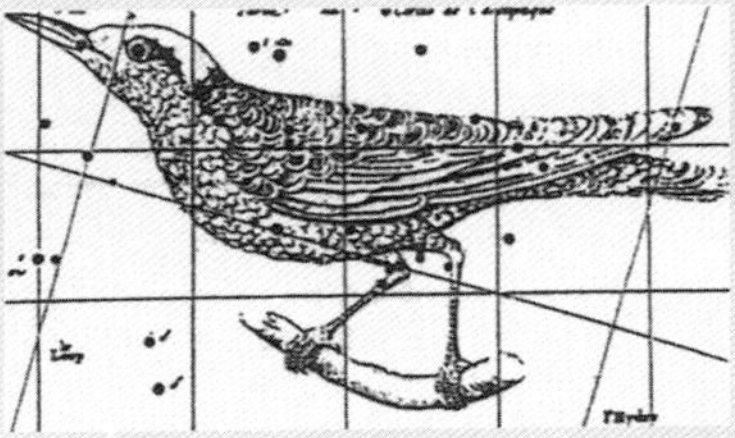

11

12

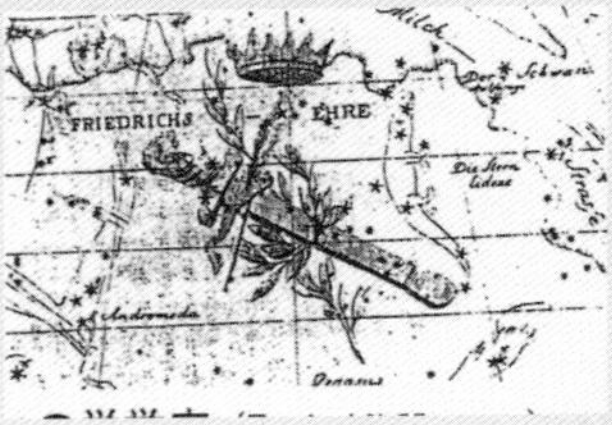

13

14

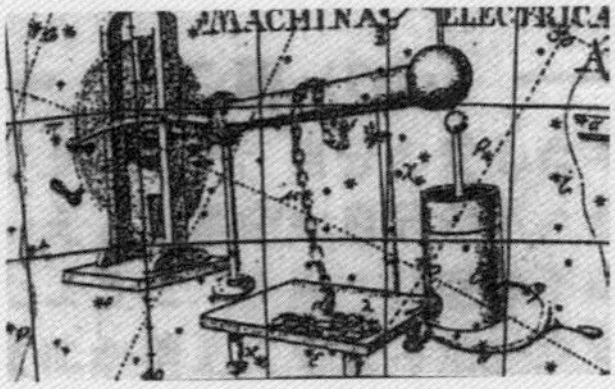

15

column

☆一七世紀のバルチウスの星図にある、チグリス座［図16］
メソポタミアを流れるチグリス川の星座。ユーフラテス川は、天の川になっている。
☆バルチウスによるすずめばち座［図17］
その後バルチウスは、バイエルが作ったはち座をはえ座に変え、すずめばち座は北はえ座に変更した。現在は、はえ座だけが残っている。
☆時計座の南に日時計座が作られた時期もある（作者不明）。［図18］
時計座の位置にはレチクル座がある。レチクルとは望遠鏡の十字線のこと。
☆一八世紀、イギリスのヒルが作ったひる座［図19］
☆大雲座（大マゼラン星雲）、小雲座（小マゼラン星雲）［図20］
☆一九世紀、ジェミーソン星図のふくろう座［図21］
つぐみ座があった場所に描かれている。どちらもうみへび座のシッポにとまっている。
☆ローマのハドリアヌス帝に愛された美少年アンティノウス座［図22］
アンティノウスはローマの第一四代皇帝ハドリアヌスの寵愛《ちょうあい》を受けたアジアの少年だが、ナイル川で溺死《できし》した。ハドリアヌスが星座とし、時がたってティコ・ブラーエが正式に星座と記載した。

16

17

18

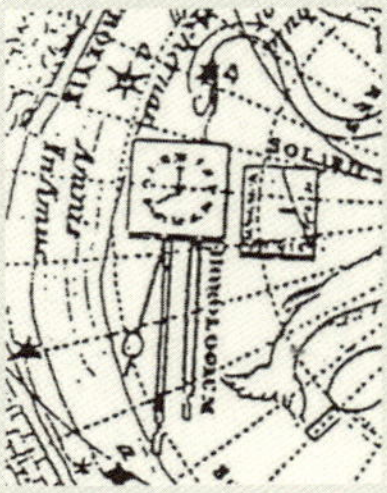

19

20

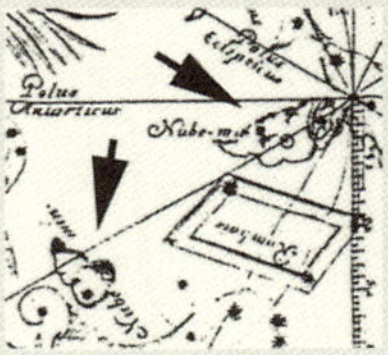

22

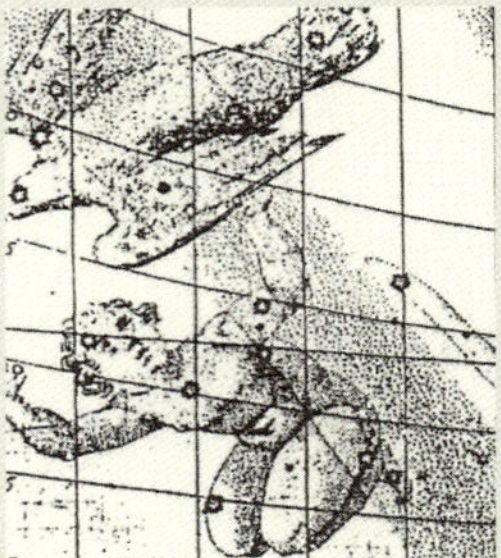

21

セレウコス朝シリアのアンティオコス１世の記念碑
通称「コマゲーネの獅子」．しし座を描いたもので，大きな星は火星，木星，水星．月は女神コマゲーネの象徴．（荒俣宏・大村次郎『獅子』集英社より）

3

星座のたどった道

アジアへの道

前の章ではメソポタミアで生まれた星座が、近隣諸国《きんりんしょこく》の影響をうけてギリシアで美しく体系化された道のりを簡単にご紹介しました。この西洋星座の旅は、これからはちょっとびっくりな方向へと続いていくのです。

古代からルネサンスの頃まで、世界にもっとも影響を与えた科学書といえば、二世紀のクラウディウス・プトレマイオス著『アルマゲスト』全一三巻（ギリシア語名はメガレ・シュンタクシス）です。一〇〇〇年以上、だれもそれを超えられなかった数理天文学書です。天動説《てんどうせつ》ではありましたが、傾斜《けいしゃ》した楕円軌道《だえんきどう》である惑星や月の軌道を七〇個近い円を組み合わせて表わし、現在の天体軌道論で計算した惑星の位置とそれほど変わらない結果を出すことができました。惑星会合周期《わくせいかいごうしゅうき》などの観測記録やアポロニウス、ヒッパルコス、エラトステネスらギリシアの数学者・天文学者の業績がまとめて紹介され、読者が計算できるように〇・五度きざみの弦《げん》の表（三角関数の一種）も掲載《けいさい》してあり、とにかく、すごい本だったのです。

西洋星座は、恒星表《こうせいひょう》とともにこの本に入っていたため、『アルマゲスト』とともに世界をめぐることになりました。『アルマゲスト』には、実は第二部があります。それが西洋占星術書《せんせいじゅつしょ》『テトラビブロス』四巻です。『テトラビブロス』で、哲学と結びつけ、占星術の合理性を力説《りきせつ》したプトレマイオスは、占星術の世界でも大家《たいか》なのです。

そしてもう一つ、もはや残っていない書物が、西洋星座の行方《ゆくえ》に大きな役割を果たしました。紀元前二世紀にロードス島で活躍したヒッパルコスの一四冊あったとされる著書です。ヒッパルコスは、月までの距離を測定したり、観測と計算から歳差《さいさ》を発見したこと有名ですが、アラートスに続いて星座四六個を記載《きさい》し、初めて恒星のリストや、不完全ですが弦の表も付加しました。ヒッパルコスは実は一二宮占星術についても、今も使われている宮《きゅう》の理論などについて記載しており、彼もまた科学者であり、占星術師でした。

ヒッパルコスの本もプトレマイオスの本も、ただそこにあるだけでは広まりません。それを高く評価する人々がいて、東西へと流通するルートがあり、翻訳者がいたということです。

ギリシア文化をインドまで広めた男、紀元前三世紀マケドニアのアレクサンドロス大王が、星座が東西に伝わる土壌《どじょう》となる、インド西部からイタリアに至《いた》る大帝国を作りました。アレクサンドロス亡《な》きあとも、彼が望んだ東西文化の融合《ゆうごう》と交易《こうえき》ルートは長く残ったのです。

アレクサンドロス大王は、ギリシア風文化を広めるため、征服した国々に都市アレクサンドリアを建設しました。特にナイル河口《かこう》のアレクサンドリアは、学問と芸術とそして商売の都として数世紀にわたって栄えました。ローマ帝国時代の地理学者であったプトレマイオスは、そのアレクサンドリアの図書館で、ヒッパルコスらの古代ギリシアの自然科学の文献《ぶんけん》を研究し、『アルマゲスト』を書きあげました。

四世紀にローマ帝国が分裂したあと、『アルマゲスト』は、まずビザンツ帝国（東ローマ）ビザンチウムに渡り、すぐ隣りのササン朝ペルシアで、長い時間をかけてシリア語に翻訳されたと思われます。その後、イスラーム帝国がササン朝を滅ぼしますが、アッバース朝が覇権《はけん》をにぎるまでは、イスラームは天文学に無関心でした。

一方、文献都市アレクサンドリアから、まったく別のルートをたどり、『アルマゲスト』

より前のギリシア天文学の文献が、インドに伝わりました。エジプトとフェニキアが古代からもっていた海の交易ルートを使ったと思われます。アレクサンドロス最後の遠征地《えんせいち》のインドは、祖国に帰らずに定住したギリシア人が多い地区です。インドの王朝は、この敵国の文化を高く評価し、どこよりも早くヒッパルコスらギリシア天文学文献を仕入れ、翻訳を行ないました。ヒッパルコスがさわりだけ書いた弦《げん》の表は、より使いやすい三角関数として発展し、ヒッパルコスらがまとめた恒星表と一二宮占星術は、ホーライというギリシア語名でインドに定着しました。インド人もまた、星が好きな民族なのです。

四〜八世紀ごろのインドでは、こういった『アルマゲスト』より前のギリシアの天文学書と、インド独自の天文学をあわせてまとめなおして、『シッダーンタ』という国家的財産として所有していました。『シッダーンタ』は当時、近隣の諸国に鳴り響いており、唐《とう》の玄宗《げんそう》皇帝は、自分の国の暦《こよみ》作りのためにインドの天文学者をまねき、また、イスラーム帝国アッバース朝のカリフ・アル・マンスールは自国の天文学者に命じて、アラビア語に翻訳させました。この『シッダーンタ』の翻訳からイスラームの天文学が始まりました。そしてバグダッドの天文台の活躍《かつやく》が始まるころには、インドの天文学はすっかり衰退《すいたい》してしまうのです。

ササン朝ペルシアのシリア版『アルマゲスト』は、イスラーム帝国アッバース朝第七代の王アル・マムーンの時代、西暦八〇〇年頃に、国家プロジェクトとしてシリア語からアラビア語に翻訳され、書名が『アルマゲスト』となりました。「アル」＋「マジェスティ」というアラビア語がなまったものです。意味は「大いなる書」みたいなものです。

初期イスラーム帝国は武力で恐れられていましたが、アッバース朝はいろいろな人種がまじった穏健派《おんけんは》の政府でした。文芸とともに天文学も奨励《しようれい》し、首都バグダッドに天文台も作りました。バグダッドは、古代メソポタミア文明の中心地バビロンの近くです。星座はどうやら、『アルマゲスト』にのって、メソポタミアにもどってきたようですが、当人たちは自分の足元が星座発祥《はつしよう》の地だとは知らなかったことでしょう。

アラビア天文学者は、星表を作って『アルマゲスト』にのっていない星の座標《ざひよう》をのせたり、よりよい計算方法をあみだしたりと、『アルマゲスト』に注釈《ちゆうしやく》をつけ、すっかり『アルマゲスト』ブームとなっていました。さてその頃、本家《ほんけ》のヨーロッパではギリシア天文学は壊滅《かいめつ》状態で、『アルマゲスト』もすっかり忘れられていたのです。

再びヨーロッパへ

中世のヨーロッパでは、西洋星座はかろうじて使われていましたが、地球は太陽のまわりを回っているというと、宗教裁判で有罪《ゆうざい》にされてしまう世の中ですので、純粋な自然科学であるギリシア天文学はだれも研究せず、文献も失われていました。しかし中世も末期になると、これではいけないと市民も国も思いはじめました。

『アルマゲスト』は、一二世紀になると、イスラーム国家ファーティマ朝から、海をはさんで向かいのスペインに渡り、ラテン語訳が作られ、また他に東ローマ帝国でも同じころにラテン語版が作られていました。その後、いくつかのラテン語版『アルマゲスト』が作成されたのですが、活用された気配《けはい》はありません。それは、当時は手でせっせと書き写す写本《しゃほん》しか、本を作る方法がなかったので、ほしい人の手に全然入らなかったのではないかと想像されます。

しかし、一四五五年にグーテンベルクが凸版《とっぱん》印刷術を発明し、天文学だけではない中世の文献不足の問題は一挙《いっきょ》に解決しました。一四九六年、ついにページ数が少ないレギオモンタヌス翻訳版が『プトレマイオスのアルマゲスト抜粋《ばっすい》』のタイトルでヴェネツィアで印

『アルマゲスト』のラテン語版（13 世紀）

刷、刊行され、またたく間にヨーロッパ中に広まりました。どんな名著でも、庶民《しょみん》に普及《ふきゅう》しないと始まらないようで、それからしばらくの間、『アルマゲスト』といったらレギオモンタヌス版のことをさすことになりました。

グーテンベルクのおかげで、古代ギリシアの数理天文学をヨーロッパ中が思い出し、それとともに西洋星座も、アラビア版の新しい星が多数加わった星表が届いて、精度もあがり、リフレッシュされてよみがえりました。

一五世紀になると、ヨーロッパに大航海時代がやってきます。人々は赤道を越え南半球へと進出していくと、それまで見ることのなかった南半球の星空がわかってきました。新しい星座作りは、まず南天《なんてん》から始まりました。ドイツの天文家であるバイヤーが、一六〇三年に星図「ウラノメトリア」を発行して、一二のエキゾチックな星座が紹介されました。それらは、ほうおう、つる、きょしちょう、みずへび、インディアン、くじゃく、ふうちょう、みなみのさんかく、カメレオン、はち、かじき、とびうお、でした。

なお、はち座は現在のはえ座です。また、みなみじゅうじ座を星座として発表したのはロワイエらしいのですが、実は古い時代から星図に十字が描かれています。

その後一八世紀に、フランスの天文学者ラカイユが登場します。次の一四星座がラカイ

NOVEMBER
OCTOBER
DECEMBER
JANUARY
FEBRUARY
MARCH
APRIL
MAY
Horologium
THE CLOCK
Solarium
THE SUN DIAL
Toucana
THE AMERICAN GOOSE
Pavo
THE PEACOCK
HYDRUS
The Water Snake
Dorado
SWORD FISH
Equuleus Pictoria
THE PAINTERS EASEL
Hadley's Quadrant
OCTANS
HADLEIANUS
SOLSTITIAL
COLURE
Canopus
THE CAMELIAN
Apus
BIRD of PARADISE
Piscis Volans
THE FLYING FISH
SOUTHERN TRIANGLE
Circinus
THE COMPASSES
Musca Indica
INDIAN FLY
Cruz
THE CROSS
Argo Navis
THE SHIP
CHARLES'S OAK

天の南極周辺の星座

ユによって増やされます。ちょうこくしつ、ろ、とけい、レチクル、ちょうこくぐ、がか、はえ、ポンプ、はちぶんぎ、コンパス、じょうぎ、ぼうえんきょう、けんびきょう、テーブル山、というラインナップですが、機械や物の星座なんて、探していてもおもしろくないうえに、星の並び方はまったく考慮《こうりょ》していないので、好みにもよりますが、多くの天文関係者はトホホと思っている星座たちです。こういうのにかぎって、削《けず》られずに現代まで残ってしまうものです。また、ラカイユは大きいアルゴ座を分割して、ほ、くも、りゅうこつ、らしんばんの四つの星座を作りました。

昔は星座を天文学者が勝手に作っていったので、一時一〇〇以上に増えましたが、一九二八年の国際天文学連盟の会議で大きく削られて八八個に決まりました。

仏様といっしょの西洋星座

さて、八世紀ごろのインドに戻りますが、インド版のギリシア天文学（『シッダーンタ』）を、自分の国にもちこもうとした王様はアッバース朝のカリフのほかに、唐《とう》の最盛期の皇帝、玄宗《げんそう》がいました。実は中国は、皇帝が変わるたびに暦を変えてきた、暦には自信をもっている国です。その中国が、インドから暦作りのための天文学者（瞿曇羅《くどんら》）を招き、国内の暦作りの職につかせたのですから、そのときのインド天文学はそうとう魅力的だったようです。おそらく六四五年にインドから帰国した玄奘三蔵《げんじょうさんぞう》が多くの情報をもたらしたのでしょう。瞿曇羅の子である瞿曇悉達《くどんしった》は、七一八年、『シッダーンタ』などの主な内容を漢訳した説明書といえる九執暦《しつれき》を著《あら》わし、中国の星座リスト、占星術書である開元占経《かいげんせんきょう》の中に含めました。

玄宗皇帝みずからがほしがったという九執暦。九執とは水、金、火、木、土の五惑星に日、月、羅喉《らごう》（日蝕をおこす星、黄道と白道の交点のこと）、計都《けいと》（羅喉と一八〇度逆の交点の意味だったが、日本では彗星《すいせい》になっている）を入れた九惑星?のことで、インドではナヴァグラハと呼ばれていました。その名のとおり、ギリシア風の天体軌道論で計算する惑星暦で、三角関数と、おまけとしてインド風味の一二宮占星術まで含まれていました。しかしこの魅力的な書は、開元占経が門外不出《もんがいふしゅつ》だったため、長い間詳細が不明でした。

その少しあとの八〇〇年頃、真言宗《しんごんしゅう》を開いた空海《くうかい》が唐を訪問し、「宿曜経《しゅくようきょう》」という経典《きょうてん》を日本に持ち帰りました。「宿曜経」は、真言、天台《てんだい》の密教《みっきょう》の占星術である宿曜道の基本の経典とされていますが、インドでの名称が不明で、どうやらインド出身の僧不空三蔵《ふくうさんぞう》

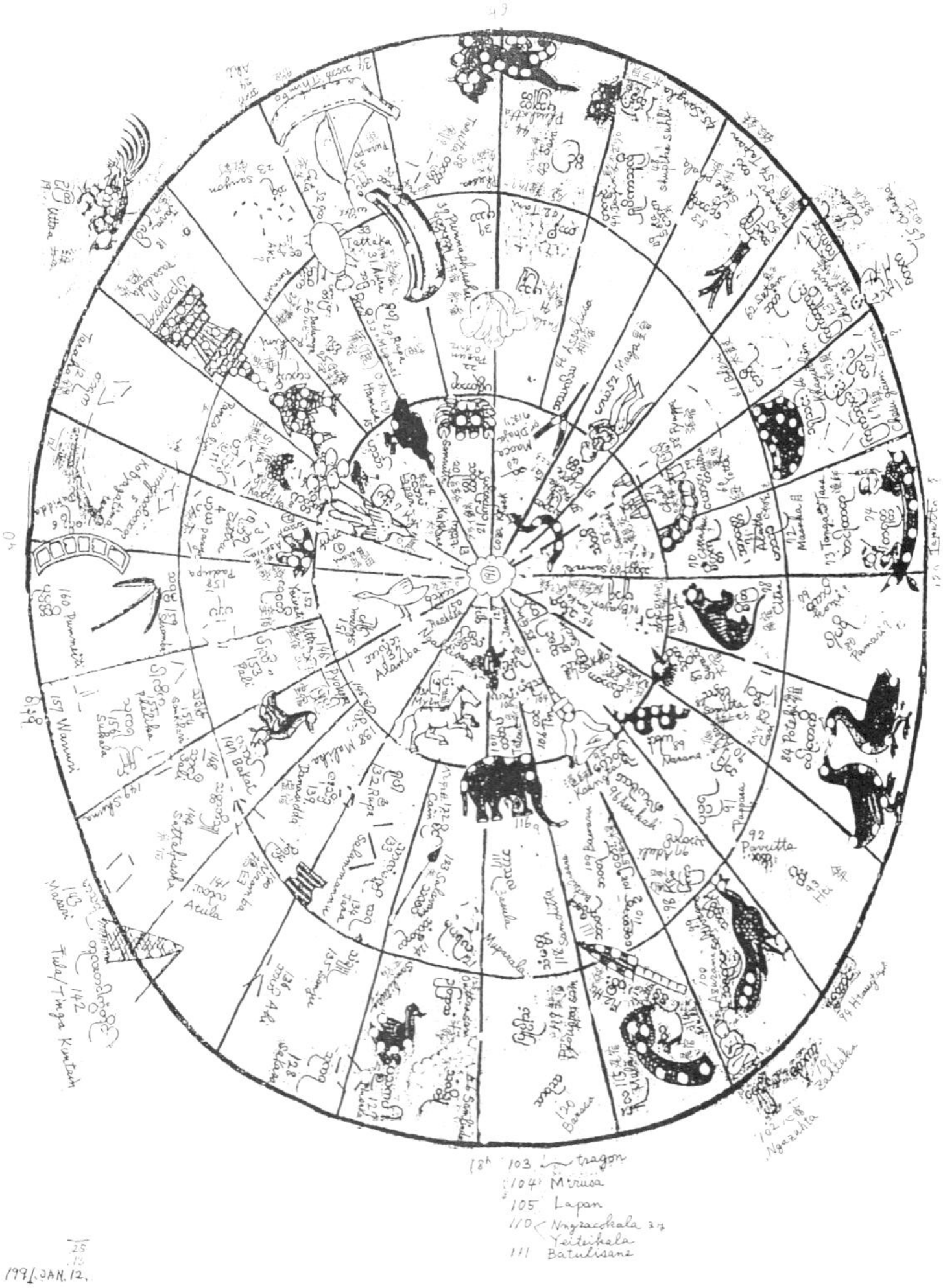
18h 103 tragon
104 Mrusa
105 Lapan
110 Nngzacckala
Yeitihala
111 Batulisane
1991. JAN. 12.

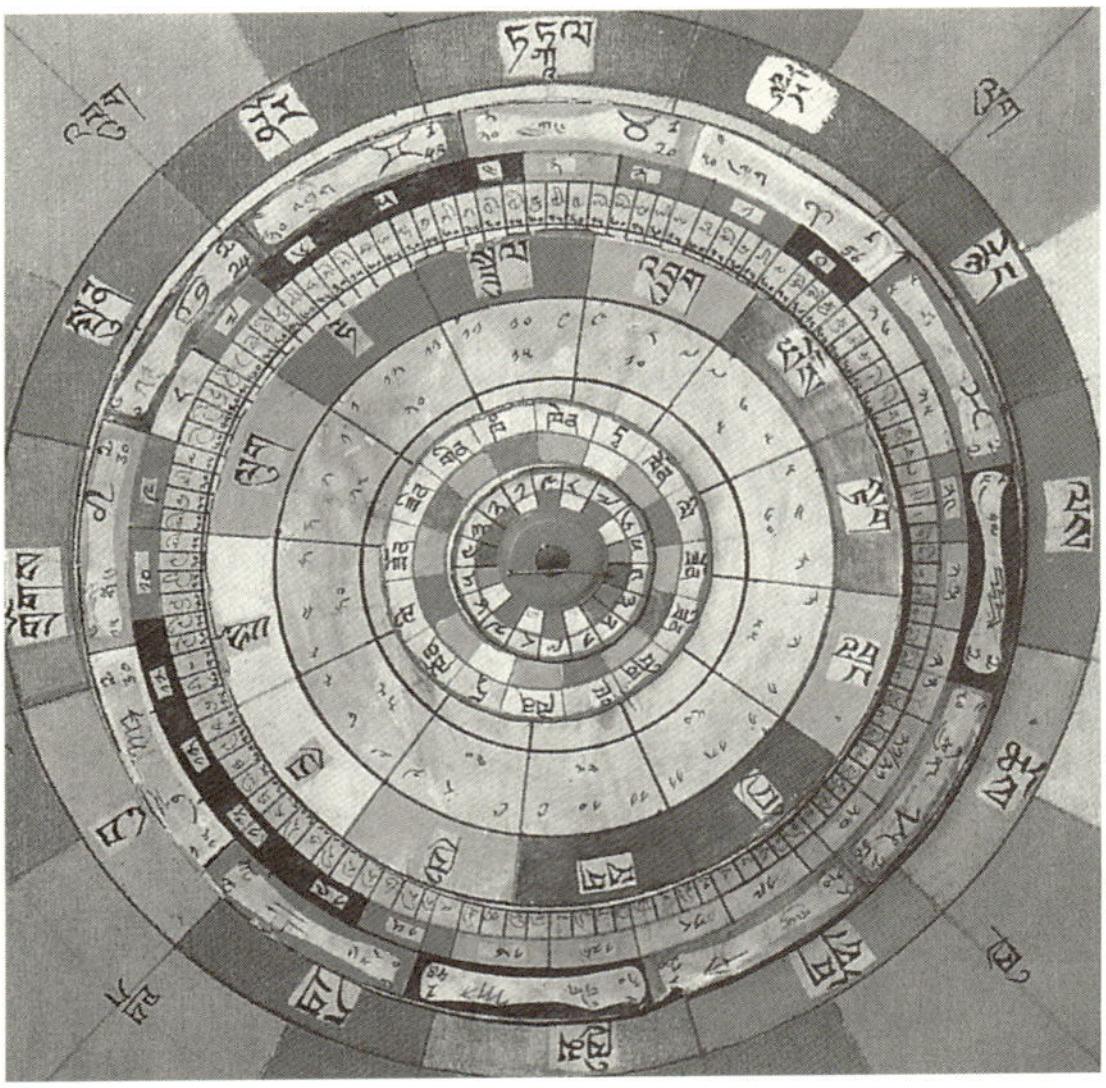

太陰暦であるチベットの独自のカレンダーを作るための円盤

チャウトージー寺院の壁に描かれた星図（↗）実物はカラーだが，東南アジアの天文学の研究者西山峰雄さんが書き写したもの．インドと似ているが少しずつ違うミャンマーの星座が描かれている．

（七〇四～七七四）が、インド天文学の解説書をまとめて中国語に翻訳したもの、九執暦とよく似たものと考えられています。当時、九執暦が入手不可でしたから、普及版《ふきゅうばん》として便利なもので、このおかげで怪《あや》しいイラストで描かれたギリシアの黄道一二星座を、密教のお寺の御本尊《ごほんぞん》の曼陀羅《まんだら》などで私たちが見ることができるのです。

　空海没後の平安後期になると、貴族に現世利益《げんせりやく》がえられる星祭りが流行しました。密教でも、道教《どうきょう》の神を仏教風にした菩薩《ぼさつ》が生まれ、北斗七星、北極星を中心として、中国の黄道二八宿、ギリシア・インド合作の黄道《こうどう》一二宮、日本で作画したと思われる九惑星が、仲よく並んで描かれた星曼陀羅《ほしまんだら》が鎌倉・室町時代まで、日本の各地で作られました。

　さそり座、おうし座、いて座……。しかし、本当によくこんなアジアの果てまでやってきたものです。インドの『シッダーンタ』の元《もと》となったギリシア天文学文献は、『マルマゲスト』より前のものであり、アポロニウスの著作のほか、複数あるとされています。名前は出されていませんが、周転円《しゅうてんえん》を使った軌道論と、三角関数と、一二宮占星術をいっしょに書いたのは、私の知るかぎりプトレマイオス以外ではヒッパルコスしかいません。もしヒッパルコスやプトレマイオスが、日本の星曼荼羅を見たら、さぞ喜んだのではないかと、想像いたします。

太陽はどこにいるか

星占いでは、たとえば、しし座生まれというと、しし座宮が夜空によく見える時期に生まれた人をいうのではありませんね。そう、太陽がしし座宮にいる時期に生まれた人をさします。その星座が、正確にいいますと星座宮が、けっして夜空で見えない時期に生まれているわけです。

星占いにそれほど興味がなければ、うお座生まれなら、自分の誕生日には、夜空にうお座が見えているだろうと思っていることが多いようです。実際はまったく逆で、そのことを知ると、星占いの考え方がおかしい、と思う人もいます。でも、星占いというのは、そもそも夜空の星はどうでもいいものなのです。一二宮占星術では、自分が生まれた時に、太陽と惑星、月がどの宮にいるかが重要なのです。

昔から太陽が黄道上のどのあたりにいるかが季節や暦を知る重要なポイントでしたので、暦を作る立場の人は何とか太陽とその近所の星を同時に見ようとしていました。昼間は星が見えず、夜は太陽が見えませんので、暦の担当者は、朝、太陽がのぼる直前に東の地平線近くに見えている星座を見て、太陽の位置を知ったのです。ある天体が、太陽と同時に地平線から姿を見せることを、ヘリアカル・ライジングと言って、エジプト、ヨーロッパ、メソポタミアでは暦を知る一番重要な方法でした。特にシリウスのヘリアカル・ライジングを使ったエジプトのソティス暦は、古代では最も正確な太陽暦として知られています。バビロニアでは、おひつじ座の星のヘリアカル・ライジングで新年のポイントを決めていました。

西洋の一二宮占星術は、星占いというより、どちらかというと太陽の位置による太陽占いなのです。ただ、太陽だけでは、人の運命がわずか一二通りになってしまって、全然あたりませんので、ほかに五惑星がどの宮《きゅう》にいたか、その人が生まれた時にどの宮が地平線からのぼろうとしていたかなども、占いの要素になっています。

もう一つの星占い、古代インドのナクシュトラ（黄道二七宿）占星術や、中国・日本の宿曜《しゅくよう》占星術（黄道二八宿を使うことが多い）では、月が星座の中を一周するのに合わせ、どの宿に月がいるかで占います。今度は月ですから、月の位置を調べるために、月の出の時間に地平線上にいる星座を探す必要はありません。夜いつでも月の方をちょっと見て、どの星座にいるのかを調べればよいのです。

ホロスコープ占星術

現代も人気が高い、黄道一二宮（ホロスコープ）占星術は、ローマ時代に地中海から、世界に広まっていきました。黄道を一二に区分けして宮とし、太陽、月、惑星がその一二の宮のどこにいるか、一二宮が地平線上のどの位置にあるかなどで占う、星占いです。

だれが、何のために考えたのかは不明ですが、このホロスコープ占星術はアレクサンドロス以降のヘレニズム文化時代に誕生したようです。マケドニアのアレクサンドロス大王は、紀元前三世紀ごろエーゲ海一帯、エジプト、メソポタミア、ペルシアから、インドの一部まで征服して大帝国を作りました。王の死後大帝国は分裂しましたが、東西の文化や人々の交流の道は残り、その時代の文化をヘレニズムといいます。

この東西の文化が融合《ゆうごう》していった時代に、メソポタミアで生まれた西洋星座を使い、エジプト・ペルシア・フェニキア・ギリシアなどのどこかで原案が生まれ、広まり、エジプトとギリシアを通じてローマ時代のアレクサンドリアで確立した、というのがおおまかな道筋《みちすじ》と思われます。占星術の一二宮と、実際の黄道一二星座の場所のずれを逆算してみると、一二宮システムの成立が紀元一世紀頃となるので、そのあたりに完成したのでしょう。

星座誕生の地のメソポタミアでは、ホロスコープ占星術を行なっていません。占いの宝庫の新バビロニア王国（カルデア）では、黄道一二星座はあるのに、一二宮占星術を使った記録がありません。月がどこにどう見えたら国が安定、などといった単発的な占いだけをやっていたようです。

古代エジプトは天の赤道を三六に分けたデカンによる占いを、かつては行なっていたようですが、具体的な方法が不明です。ヘレニズム時代にローマと交流するようになると、多数のギリシア星座をエジプト風に描いた壁画などが作られましたが、いわゆる星占い関連の記録は見つかっていません。ノイゲバウアーという古天文学の草分け的研究家によると、「ヘレニズム以前のエジプト天文学はきわめて未熟」らしいのですが、いまだに古代エジプトは私たちに全容《ぜんよう》を見せているとはいえず、有名なのにミステリアス、謎の国です。

フェニキアはギリシアでの呼び名で、セム語ではカナーンといいます。今のレバノン、イスラエルにあたります。文明の十字路にあるため、星座もここを経由して伝わっているのですが、占星術については他国のどの文献にもフェニキアはでてこないので、よくわからないところです。

そして、ギリシア。都市国家の時代に星占いはほとんど行なわれておらず、紀元前三世紀ごろ、カルデア出身の天文学者のベロッソスが、コス島でバビロニアの星占いの知識を伝えたという記録があります。また、その頃のアレクサンドリアでは、ヒッパルコスが一二宮占星術について理論を述べていた記録があります。しかしその起源については、両者の文献が残っていないことから、推測するしかないようです。

ホロスコープ占星術を成立させたのは、紀元前二世紀~紀元後一世紀のアレクサンドリアの天文学者たち。しかし、その原案をだれが作ったかは不明です。

一世紀のローマの占星術師マニリウスは、占星術を体系的にまとめて『アストロノミカ』（天文学みたいなタイトルですが占星術の本）という五巻におよぶ本を刊行しました。『アストロノミカ』には、今日の一二宮占星術の基本が掲載《けいさい》されており、ホロスコープ占星術はこのあたりにできあがったといえそうです。

その後、一二宮占星術は、天文学書『アルマゲスト』の第二部『テトラビブロス』として、アジアにまで広まり、再びヨーロッパに逆輸入されました。

二一世紀の今、インターネットでは数えきれないほどのサイトが、最新の軌道《きどう》要素でホロスコープを数秒で作ってくれます。ホロスコープ占星術の人気は二〇〇〇年後の今もおとろえる様子がなく、プトレマイオスもきっとびっくりでしょうね。

2

3

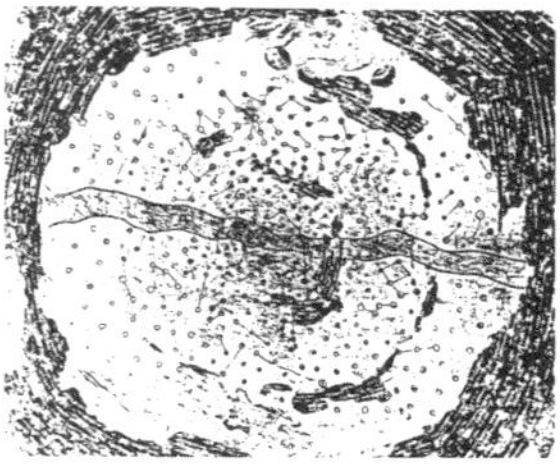

4

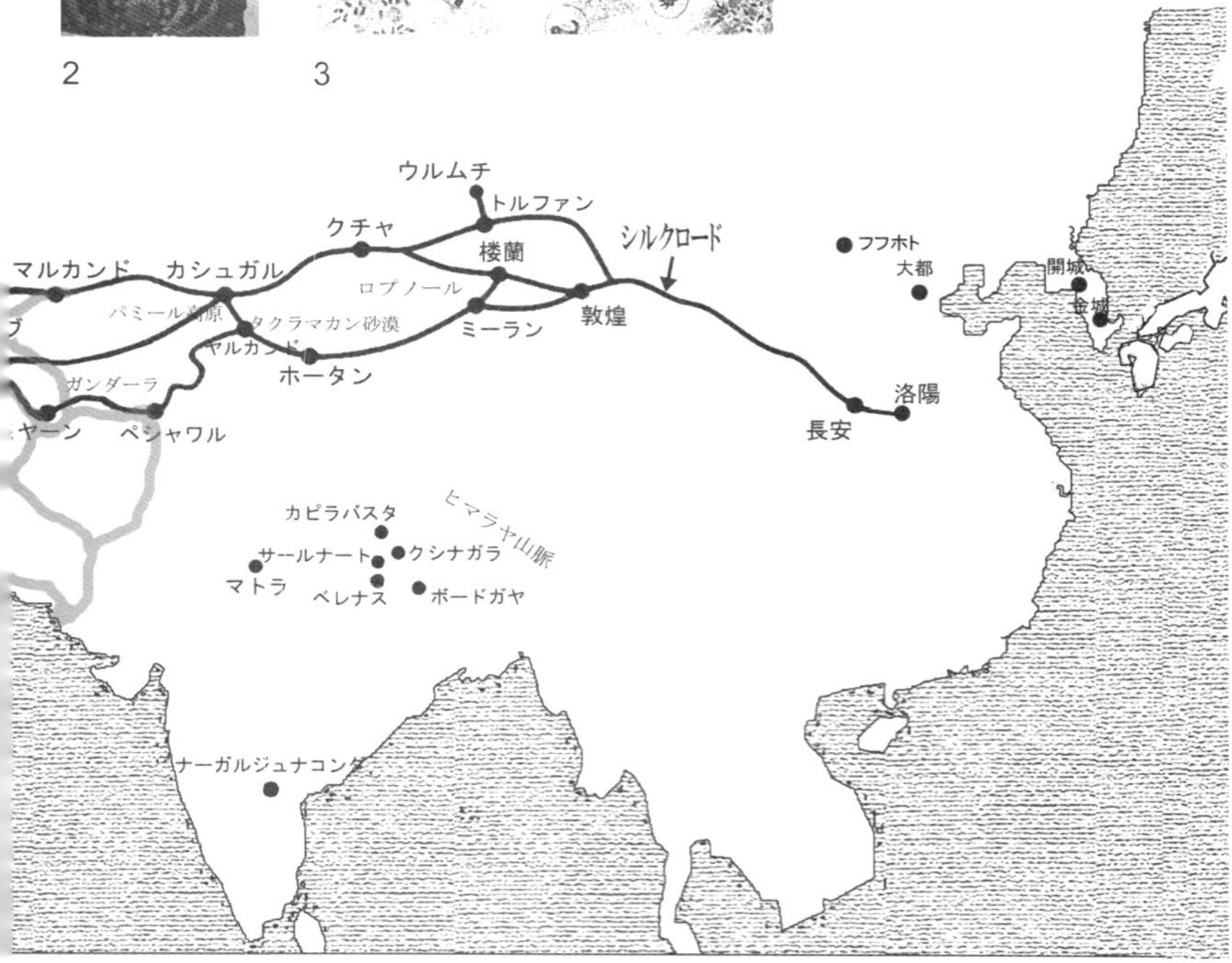
ウルムチ
トルファン
クチャ
シルクロード
フフホト
マルカンド
カシュガル
楼蘭
大都
開城
ロプノール
パミール高原
タクラマカン砂漠
敦煌
金城
ミーラン
ヤルカンド
ホータン
ガンダーラ
洛陽
ペシャワル
長安
ヒマラヤ山脈
カピラバスタ
サールナート
クシナガラ
マトラ
ベレナス
ボードガヤ
ナーガルジュナコンダ

6

7

8

シルクロードの星座

1　クチャのキジル石窟（悪魔窟）の黄道 12 宮図
2　トルファン出土の中国の創世神話，伏儀（ふぎ）とジョカ図
3　遼の時代の墓の天井図［大都］
4　高句麗古墳の天井星図のひとつ［金城］
5　バーミヤーン石窟の釈迦を守護するヘルクレス（左端）
6　敦煌の第 61 窟の織盛光沸と諸星図（5 惑星，12 宮，28 宿）
7　中国内モンゴル自治区フフホトの寺院の壁画の星図
8　鎌倉幕府ゆかりの称名寺の「図像抄」．外から 28 宿，12 宮，9 曜と北斗七星

［出典：『アフガニスタンの美』（小学館），『シルクロード大美術展図録』，『星の信仰』（神奈川県立金沢文庫），『シルクロードと仏教文化』（石川県立歴史博物館），『敦煌への道』（日本放送出版協会），「月刊天文ガイド」（誠文堂新光社），名古屋市科学館友の会会報，«Sky&Telescope» より］

1

5

column

陰陽道の星

陰陽師《おんみょうじ》の安倍晴明《あべのせいめい》は、昔から日本の呪術界《じゅじゅつかい》のスターではありましたが、二一世紀になってこれほど世間《せけん》に知れた有名人になろうとは思いませんでした。陰陽師、陰陽道《おんみょうどう》とは何なのでしょう。

陰陽道は、密教《みっきょう》の占星術である宿曜道《しゅくようどう》とは違い、宗教ではありません。哲学です。中国で、戦国時代の紀元前五世紀ごろから、自然哲学、陰陽思想《いんようしそう》、五行《ごぎょう》思想、八卦《はっけ》、暦学《れきがく》、風水《ふうすい》、薬学《やくがく》などがまとまって陰陽思想になったといわれます。陰陽とは天地間の万物《ばんぶつ》を作りだす二つの気です。さらに自然界には、火、土、金、水、木の要素（五行）があり、ある要素は別の要素を生み出し、また勝ったり負けたりの関係にあるという五行思想が加わり、陰陽五行として、暦や方角や吉凶占《きっきょううらな》いなど多彩に使われました。

日本の陰陽道は、飛鳥《あすか》時代に大陸から伝わりました。中国のものとは違い、陰陽五行思想よりも、中国の宗教、道教の呪術《じゅじゅつ》的要素が色濃くでています。平安時代に日本独自に発

節分星祭りの祭壇
陰陽道や密教の星祭りとは，お祭りではなくて，長寿や願いごとのために祈禱する儀式のことである．日本は江戸時代まで，中国にならって節分の頃の新月の日が新年という，節分年初をとっていた．陰陽道や密教では，新年に自分の本命星を祭ることになっていたので，昔の新年＝節分の日に星祭りが行なわれている．（『陰陽五行』淡交社より）

展し、次第《しだい》に人の永遠の願いともいえる無病息災《むびようそくさい》、長生きのための占いや儀式が中心となりました。

飛鳥時代に、政府の陰陽寮《おんみようりよう》という機関が作られ、政府の陰陽師たちが暦を作り、天体観測を行なって、行事を行なう吉日《きちじつ》、吉方《きつぽう》などを決めていました。陰陽師は天文学者であり、政府おかかえの占い師でもあったのです。陰陽道は平安時代に貴族の間で大流行し、次第に貴族の私的な仕事もするようになりました。陰陽道好きで知られる藤原道長《ふじわらのみちなが》は、陰陽師の占った吉凶どおりに行動していました。鎌倉時代以降は、陰陽師は京都、鎌倉の二つの政府がそれぞれ召《め》しかかえていたほか、各地の有力者が好みで雇《やと》っており、一般的な職業になっていたと思われます。

陰陽道で使うのは、五惑星、日月《じつげつ》（七曜）と、北斗七星と北極星くらいです。

北斗七星は、ひしゃくの水を入れる側から貪狼星《どんろうしよう》、巨門星《こもんしよう》、禄存星《ろくぞんしよう》、文曲星《もんごくしよう》、廉貞星《れんていしよう》、武曲星《むごくしよう》、破軍星《はぐんしよう》の七星で、生まれ年の干支《えと》により祭る星が決まっていました。北斗七星は、道教の伝説で人間の死を決める神ですが、平安貴族の日記によると、長寿祈願に、朝起きたとき自分の本命星《ほんみようしよう》を七度唱《とな》え、宮廷《きゆうてい》で一年に六回ある本命星供養《くよう》をうけると、罪が清められ、願いごとがかなうとされたそうです。

北極星は、中国では皇帝の象徴《しょうちょう》で、特に重要な星でした。日本では、安倍晴明が泰山《たいざん》府君《ふくん》（冥府《めいふ》の神）と同一視し、延命を祈願し泰山府君祭で大きく祭られました。

4

太陽と月の話

古代文明と太陽と月

太陽と月については、毎日のように見るものであり、特に太陽の光で地上があたたまっていることはわかるので、地球上のどんな民族でも何かしら神話があります。太陽を最高神とする民族は多く、というより、太陽を最高神の一人としない民族はまれでしょう。研究もいっぱいされてきました。太陽は万物《ばんぶつ》のエネルギーの源《みなもと》、世界は太陽があるから幸せな今の世になったことは、どの民族の神話にもあらわれています。気温が高い国の農耕民《のうこう》族でも、干《かん》ばつを太陽のせいにする神話はあまりありません。

月については、古代人は畑の作物《さくもつ》、漁業と関連が深いと考えてきたようです。満ちては欠ける月の不思議《ふしぎ》なサイクル。植物が種から育って実をつけ、枯《か》れて、そして再び種から芽がでることをくりかえす様子や女性の月経の周期、月齢で違う潮汐《ちょうせき》、満月の夜に産卵する貝や魚などと関連づけ、月は不思議な力があるのではと感じたのでしょう。

これまでの研究を見てみますと、月＝女性、です。太陽は女性でも男性でもよさそうだけど月と対《つい》になるから男性、という考えに、どの民族もなりそうな感じがします。

ところが実際はそうはいかなくて、ギリシア神話では太陽はアポロンで男性、月がアルテミスあるいはセレネで女性ですが、スラヴの民話では月はメーシャツといって男性、太陽がその妻ですし、東南アジアの民話では太陽、月、星が姉妹というものがあり、インド神話の月の神はソーマあるいはチャンドラという男性ですが、太陽神スーリヤも男性なのです。日本のアマテラス、ツクヨミの例もありました。

また太陽、月とも神ではなく、箱にしまってある小物だったり、人間が作った物体だとか、空にあけた穴だったり、非常にかるいものになってしまっている神話もあります。

天体の神話も伝説も、理論どおりに落ち着いたりはけっしてしない、おおらかで意外で意地悪なものなので、研究のしがいがあるものかもしれません。

私が科学館に勤務していたころの話ですが、子どもたちに、星の話をするといって、太陽の話をすると、みんなすごくがっかりした顔になります。望遠鏡で星を見せるときも、

インドの太陽神スーリヤ
クチャの石窟に描かれていたもの.(『シルクロード大美術展図録』より)

月でも土星でもみんな大喜びですが、太陽の観望会《かんぼうかい》（太陽の像を白い紙に投影《とうえい》して観るもの）は人が集まりません。太陽も一応恒星《こうせい》で、星なんです。ただ、月や星、彗星《すいせい》などの星がもっている暗闇《くらやみ》に輝く、神秘的で、はかなげなイメージと違いすぎるのでしょう。

ここで少し世界の太陽の神話の話をしましょう。民族ごとに個性的な話が多いので、ちょっと太陽がおもしろく見えてくるかもしれません。

アメリカ大陸の中央、メキシコの近くには、中世の時代に太陽を最高神とする独特の文明が栄えていました。その一つ、アステカ族の神話です。

世界は一三の層に分かれていて、一番上の層には、神々の親であるオメテオトリとオメシワトルが住んでいました。二人には、赤いトナティウ、黒いテスカトリポカ、白いケツァルコアトル、青いウィティロポチトリという名の四人の子がいました。

トナティウは、熱さ、戦士の強さを司《つかさど》る神で、死の世界の神でもありました。テスカトリポカは「煙をはく鏡」という意味で、何でもできて、月と星、夜を支配する神でした。ケツァルコアトルは「羽毛《うもう》の蛇《へび》」という意味で、生命と穀物《こくもつ》を司る神でした。ウィティロポチトリは、「左のハチドリ」という意味でアステカ族を守る神でした。

この四人の神は、協力して世界を作りましたが、神々どうし仲が悪く、いさかいが絶《た》えませんでした。最初に「土の太陽」をテスカトリポカが作ったのですが、ジャガーに襲《おそ》われ、世界が滅《ほろ》びてしまいました。二番目の「風の太陽」は、ケツァルコアトルが作りましたが、テスカトリポカが強風を起こしたため滅びてしまいました。三番目の「雨の太陽」は、トナティウが作りましたが、今度はケツァルコアトルが炎の雨を降らせたため、世界が滅びました。四番目「水の太陽」のときは、大洪水《だいこうずい》でまたまた世界が滅びました。

最後の大洪水はとてもひどく、天が落っこちてしまいました。四回も世界を滅ぼして、反省した四人の神は、協力して土地や生き物を再生しました。大地を四つに割り、別の四人の神の助けを借りて八人でえいやっと天を持ち上げました。そしてテスカトリポカとケツァルコアトルは大木に姿を変え、天を支《ささ》えました。その功績《こうせき》から、二人は天の星――太陽と金星になりました。天の川は二人が天を歩く道なのです。

よく知られているようで、実は皆よく知らないエジプトの神話です。

最初、太陽神はラーで、お供を連れて太陽の船に乗り、天空を東から西へと旅していました。しかし時代が変わってくると、アメンという太陽神がもう一人現われます。アメンは自分で翼をもっており、次第にアメンの方が重用《ちょうよう》されるようになりました。
しかしアメンの時代も永遠ではなく、エジプトではのちに宇宙の神ホルスが太陽神も兼《か》ねるようになりました。これはそんな時代のエジプトの物語。

天の女神ヌトと、大地の神ゲブは夫婦で、最初の子どもがオシリスでした。オシリスは穀物《こくもつ》の神で、古い神々であるラーやトトに認められ、世界を治《おさ》めていました。あるとき、オシリスの弟セトが、オシリスをだまして殺し、オシリスになり代わって世界の王になりました。オシリスの妻イシスは、夫の死体が流れ着いたビブロスに行き、オシリスの死体をもち帰りました。

それを知ったセトは、オシリスを生き返らせないため、今度は死体を切りきざんで、捨ててしまいました。でもイシスはあきらめず、夫のバラバラの死体を集め、オシリスの子アヌビスや、妹のネフティスらと協力して何とか生き返らせることに成功しました。しかし一度は死んだオシリスは、地上にとどまることはできず、死者の国の王となりました。

その後、イシスは、知恵の神トトの助けもあって、セトの追跡をかわしながら息子ホルスを育てあげました。成人したホルスは、古い神々の住むヘリオポリスに出向き、セトから王位をとり返したいと訴《うった》えました。たしかにオシリスとイシスの子であるホルスは、正しい後継者《こうけいしゃ》なのですが、まだ若く、経験もありません。セトは、力で王位を奪《うば》う悪者ですが、人間界を治める力はもっています。ヘリオポリスの神々の間でも、意見が分かれて、どちらを王にするかでもめていました。しかし、今度はイシスの策略《さくりゃく》にセトがはまり、ホルスこそ正しい後継《あとつ》ぎだと認めてしまい、ホルスが人間界の王となりました。ホルスは顔という意味です。鷹《たか》の神でもあるホルスは、太陽と月の両目をもち、力強く空にはばたくのです。

中国は広大で、言葉も黄河《こうが》地方と揚子江《ようすこう》地方では違うし、ひとくくりにはできません。天体神話の多いミャオ族の神話です。

最初、空に太陽と月が一つずつあり、地上は豊かで平和でした。しかし、黒い巨大な鳥の八つの銀の卵から月が生まれ、別の八つの金の卵から太陽が生まれたので、太陽が九つ、月も九つになりました。九つの太陽と月が地上を照らしたので、とても暑く、川は干上《ひあ》がり、山の木は枯《か》れてしまいました。空で照らす日課《にっか》が終わると、太陽たちは太陽の木で眠り、月たちは月の木で眠っていました。英雄《えいゆう》ミナションは、にせの太陽と月を倒そうと、月の木にのって八つの月をナタで叩き落し、次に太陽の木にのぼって八つのにせの太陽を

紀元元年前後，近東からヨーロッパで，最も人気があったミトラ教の神ミトラ．太陽の化身であり，毎年冬至に死んで，3 日後に復活する．（フランツ・ヴァレリ・マリ・キュモン『ミトラの密儀』平凡社より）

イエスの生誕を祝うために東から来た 3 人の博士たちを描いた切手. 12 月 25 日がイエスの誕生日とされているが, 実際はいつか不明だったので，当時人気が高かったミトラ神の誕生日（冬至の 3 日後）をそのまま使用した．冬至祭りとも重なり，広く受け入れられた．（五島プラネタリウムのパンフレットより）

マヤの太陽神と金星神

マヤ文明の金星カレンダーと呼ばれる図（S.G.Morley, *Maya Hieroglyphs*）

下に落としました。落下したにせの太陽と月は、それぞれ赤牛と黒犬に食われてしまいました。地上を救った英雄ミナションは、月にとび移り、今でも月にいるのが黒い影として見えています。

最後に『世界の太陽と月と星の民話』という本から、珍しいヨーロッパの伝説をご紹介します。

ある国の王様に、きれいな娘さんがいました。星占い師が王女は太陽の子どもを産むだろうと予言をしましたので、王様は王女を光の入らない部屋に閉じ込めました。王女がこっそり穴を開けるとそこから太陽の光がさしこみ、その光で王女は身ごもり、女の子を産みました。侍女《じじょ》たちは、王様にばれないように、王女の赤ちゃんを遠くの豆畑に捨ててきました。

豆畑を通りかかった別の国の王子が、赤ん坊を見つけて連れて帰り、赤ちゃんはファヴェッタ（空豆）と名づけられ育てられることになりました。ファヴェッタは美しい女性になり、王子はファヴェッタと結婚させてくれと両親に頼みました。しかし王様は、よい家柄《いえがら》の娘でなければだめだと断《ことわ》り、王子は仕方なく貴族の娘と結婚することになりました。

王子の結婚式の日、ファヴェッタは煮えたった油の中から金の手袋をとり出してみせ、結婚式の贈り物にしました。すると花嫁は、自分にもそれはできると、煮えた油の中に手を入れましたが金の手袋は出てこず、火傷《やけど》で死んでしまいました。王子の次の花嫁も、ファヴェッタがかまどの中に入って金のピザを作ったのを見て、自分にもできるとまねをして、亡《な》くなりました。三人目の花嫁も、水晶《すいしょう》の宮殿の屋根にのせたイスにファヴェッタが座るのを見て、まねをして屋根から落下して死んでしまいました。王も王妃《おうひ》も、とうとうファヴェッタと王子の結婚を許しましたが、ファヴェッタは光のマントに身を包み、空へ飛んで行ってしまいました。

ところで、日蝕《にっしょく》や月食《げっしょく》は、古代の人には特別なおそろしい現象に見えたことでしょう。インドの日蝕にまつわる神話は、東南アジアにも広まりました。

神々が最初の混沌《こんとん》の乳海をかきまぜ、アムリタという薬を作っているとき、一人のアスラがスーリヤ（太陽）とチャンドラ（月）の間に割り込み、アムリタを飲んでしまいました。ヴィシュヌがすかさずそのアスラをまっぷたつに切りましたが、アムリタの効果で頭も胴体も生き残りました。頭は龍の姿で表わされ、日蝕を起こす悪魔ラーフとなり、胴体は彗星《すいせい》ケトゥになりました。

次は月の神話……といきたいのですが、お月様は、天文民俗学的にものすごく書くテーマが多くて、神話のスペースがないくらいなんです。でも一つだけ、私の大好きな爆笑インド神話をご紹介します。

インド神話は、いくつかの宗派の神話がまざりあってできており、月の神はヴァルナ、チャンドラ、ソーマと三人もいます。ソーマは、古いバラモン教の神話にでてくるお神酒《みき》のことでしたが、ヒンドゥー神話では月の神になっていました。

ソーマは、賢者《けんじゃ》ダクシャの二七人の娘と結婚しました。つまり黄道《こうどう》二七宿《しゅく》です。ソーマ様は妻たちのなかでローヒニー（ヒアデス）を溺愛《できあい》したので、他の娘が悲しみ、ダクシャは怒ってソーマに呪《のろ》いをかけました。その結果、ソーマは月のうち一五日は体力が消耗《しょうもう》していくことになりました。

ソーマは数々のとんでもないエピソードがある神様です。あるときソーマは、賢者で神々の教師のプリハスパティ（木星を表わす）の妻、ターラーにかなわぬ恋をし、ターラーに拒絶《きょぜつ》されると誘拐《ゆうかい》しました。軍神インドラが言ってもソーマはターラーを返さず、神々はプリハスパティ側とソーマ側に分かれて大戦争になりました。困り果てたターラーは、梵天《ぼんてん》ブラフマーに仲介《ちゅうかい》を懇願《こんがん》し、ブラフマーが再度ソーマを説得《せっとく》したところ、すでにターラーに飽《あ》きていたソーマはあっさりターラーを返しました。

ところがターラーが妊娠《にんしん》しているとわかりました。プリハスパティもソーマも、自分の子ではないと主張しましたが、生まれた子どもは絶世《ぜっせい》の美男子。その姿を見るや二人とも前言《ぜんげん》を撤回《てっかい》して、自分の子だと言いはじめました。結局ソーマの子であることがわかり、その子はブダと命名され、月種族の始祖《しそ》となりました。でもこの騒動で、ソーマはブラフマーに勘当《かんどう》されてしまいました。

月のウサギ

「お月様には、ウサギが住み、モチをついている」

日本の子どもは、そんな話を聞いたり、読んだりして育ちます。大きくなると、本当に月にウサギに見える模様があると気がつきます。他の国はどうでしょう。

お月様には、やっぱり何かがいます。中国から、東南アジアの国々の一部では、ガマガエルがいます。中国ではほかに桂《かつら》の木と木を切る人がいる、とか、ジョウガという女の人がいる、という伝説もあります。南半球のニュージーランドでは、月には水をくむ器をもったロナという女性がいるという話があります。

でも、日本と同じで、月にウサギがいる……という国も多いのです。

仏教やヒンドゥー教がうまれたインドでは、月にはウサギがいます。ジャータカ神話の中にこんな話があります。インドでサルとキツネとウサギが仲よく暮らしていました。インドの神様帝釈天《たいしゃくてん》（インドではインドラといいます）は、三匹の仲のよさを褒《ほ》めて、老人の姿になって会いに行きました。

三匹は老人を歓迎《かんげい》し、サルは木にのぼって果実をとってきました。キツネは川で魚をとってきました。でもウサギは、老人のために何もとってくることができません。なので、ウサギは自分が火にとびこみ、自分自身を老人に捧《ささ》げたのです。

老人に化《ば》けた帝釈天は、ウサギをあわれに思い、黒焦《くろこ》げのウサギを、空の月におきました。そのため今でも月にはウサギの黒いシルエットが見えます。

南米のアステカ族やマヤ族でもまた、月の模様をウサギと見ていました。その模様のでき方は変わっていて、最初月が死んでいたので、神様がウサギを投げつけたところ、生き返ったとのことです。だから月にはウサギ模様がついているのです。

月の模様を、別のものに見たお話もあります。『世界の太陽と月と星の民話』にのっている話です。

ドイツのある町で、神聖な日曜日に仕事をしていた夫婦に、神様が罰として月か太陽のどちらかで仕事を続けさせることにしました。夫婦は、太陽は暑そうなので月を選びました。そういうわけで、月には熊手《くまで》と薪《まき》を担《かつ》いだ男性と、バター桶《おけ》の横でバターを作っている女性のシルエットが見えるといいます。また、土曜日の夜に糸をつむいでいた女性が、罰として月で機織りを続けている姿だという話もあります。

ルーマニアの民話ではこうです。使用してはいけない牧草地で自分の羊をこっそり放牧していた羊飼いが、罰として、月に住んで空の羊の番をすることになりました。昼間の雲は実は羊だったのです。あとから羊飼いの奥さんもやってきて、月の中でバターを作っているそうです。しかし、よく働いたのに罰せられるとは、ずいぶん厳《きび》しい神様ですね。

月の形ごとに呼び名がありますね。三日月《みかづき》、上弦《じょうげん》の月、満月、十六夜……、きっとたくさん呼び名があればあるほど、よく月をながめているのでしょうね。

ニュージーランドの先住民《せんじゅうみん》マオリの言語で、月は新月《しんげつ》から数えた日数、つまり月齢《げつれい》ごとに名前があります。日本では三日月、十三夜、十五夜など、月齢ごとの月をあらわす言葉がいくつかありますが、マオリの言葉ではそれが月の満ち欠けの周期二九・五日分、全部あるのです。月齢一ウィロ、二ティレア、三アウレイ、四オウエ、五アコロ、六アナンガ、七アホツ、八アアイオ、九カイアリキ、一〇フナ、一一アリ、一二マウレ、一三と一四オオフア、一五アツア、一六オオツル、一七ラアカウヌイ、一八ラアカウマトヒ、一九タキラア、二〇コレコレ、二一コレコレツールア、二二コレコレピリキ、二三ピリ、二四と二五タンガロア、二六キオキオ、二七オオターネ、二八オロンゴヌイ、二九マウリ、三〇ムツなど、となります。「など」とつけるのは、言葉が土地によって違い、複数ある月齢も多数あるからです、

なお、月の形を表わす言葉は別で、新月がクーヒキ、満月がティーラケラケといいます。月そのものはアホロア、太陽がコマルといいます。また、プレアデスはアオカイ、シリウスはタクルア、南十字はタキ・オ・アウタヒといいます。

十五夜のお月見

毎年初秋《しょしゅう》には、十五夜のお月見がありますね。でもどの年のカレンダーを見ても、十五夜の日がまったく違います。たとえば、ある年の十五夜は九月二八日で、その前年が九月一一日、翌年が九月一八日などとなっています。それは、お月見はほぼ満月でなくてはならないので、今でも旧暦の八月一五日に行なうからです。

旧暦の八月一五日は暦のうえで中秋《ちゅうしゅう》といい、その日の月を中秋の名月《めいげつ》と呼びます。中秋の名月は、ススキとお団子、畑でとれた作物などを供《そな》えて、お月見をします。月が満ちたり、欠けたりする周期は約二九・五日で、半端《はんぱ》なので、毎年十五夜の日は違います。

なぜ旧暦八月の満月のときだけ月を見るのでしょうか。他の季節の満月よりもきれいだからでしょうか。いえいえ、月のような明るい天体では、美しさはどの時期でも同じでしょう。

日本のお月見は、もとをたどると渡来人《とらいじん》によって中国からもたらされた風習です。中国では団子ではなく月餅《げっぺい》をお供えします。朝鮮半島にも八月一五日のお月見はあります。女性の祭りとなっており、月を見るのは女性の役目だといいます。中国でも女性が着飾って外出する風習があるところもあります。

フィリピン、東南アジア、ニューギニアなどの南方《なんぽう》の島では、旧暦八月一五日は収穫祭です。竹をたくさん立てたり、食べたり踊ったりで、盛大に収穫に感謝します。日本の十五夜も、八月一五日のお月見の団子は原則として新米で作り、間に合わない場合も数粒でも新米を入れて作る、という地方も多いことから、収穫祭と思われます。ですが、主食であるお米の収穫には一ヶ月以上早すぎるのです。

さて、日本では、多くの地方で八月一五日と九月一三日（十三夜）の二回、お月見をします。八月の十五夜を芋名月《いもめいげつ》、九月の十三夜を栗名月《くりめいげつ》と呼ぶこともあります。中国、朝鮮半島ではどうやら九月一三日はないようです。なぜ、日本は一回多いのでしょうか。

いろいろな説がでていましたが、大林太良《おおばやしたりよう》氏の調査と研究で、謎はほぼ解《と》けたといえそうです。八月一五日はお米の収穫祭ではなく、東南アジアの島々での主食「タロイモ（サトイモのこと)」の収穫祭だったのです。中国でも八月一五日のお月見のときにはサトイモを食べるそうです。サトイモなら九月前後にとれます。東南アジアの収穫祭の時期で伝わってきたので、日本では収穫祭なのか、いまいち不明な行事になったのでしょう。

東南アジアではタロイモをヤムイモと呼んでいます。そういえば、マレーシアのあやとりに、やたらとヤムイモがでてくるので、とても重要な食べ物なのでしょう。

九月一三日の十三夜という日本独自のお月見は、日本人の主食である米の収穫祝いなのかもしれません。

お月さんいくつ?

「お月さんいくつ、十三、七つ。まだ年ゃわかいね」

江戸時代からある、わらべ歌です。東北から九州まで、全国で歌われてきたそうです。

さらに、

「あの子を生んで、この子を生んで、だれに抱かしょ、お万に抱かしょ……」と続きます。

よく聞くと、へんな年の答え方ですね。一三と七と分けるのは、なぜ? 日本童謡《どうよう》の不思議研究会編『童謡の摩訶不思議《まかふしぎ》』という本に、いろいろな説が紹介されています。なおカッコ内は、私の感想です。

一三＋七で二〇歳のこと？
（いくらなんでも、単純すぎますし、分ける意味がないです）
それとも一三歳と七ヶ月？
（一番しっくりきますが。七ヶ月を七つとするのは？）
聞いているのは月ですから月齢一三の月が、七ツ時（夕方ごろ）にのぼってくること？
（実は七つ以外に、九つ、三つなどの変形もある。時刻ではなさそう）
天文学的に、月が一日に平均一三度七分、星座の中を移動していくことを表わす？
（江戸時代にこの知識は入っていましたが、特殊《とくしゅ》な人しか知らないし、なぜ童謡に？）
月は女性を表わし、一三歳で成人したね、ということ？
（これが正統派の答えでしょう）
韻《いん》を踏んでいるだけ？
（これも、もっともらしいような。しかし別の韻の踏み方もありそうな）

著者の甲田昌樹氏は、江戸時代に女性は一三歳で結婚できたそうで、子どもをもちながら、まだ若い女性のことを言ったのではないかと書かれています。そして、この歌は子守《こも》り歌であり、子守りの女の子が、本当に夕方の月を見ながら歌ったのではないかと結んでいますが、私もこの説に同感です。日本の子守歌は、親が子に歌うのではありません。奉公《ほうこう》に出された貧しい家の女の子が、ご主人の子どものお守りをするときに歌う歌です。自分がまだ子どもなのに、他人の子守りなどしたくないでしょう。でも帰るところはなく、やるしか生き残る道はありません。だから、子守り歌は、悲しくてちょっぴり怖い歌が多いのです。

辞書の中の月

皆さんは国語辞典を使っているでしょうか。英語の辞書は使っても国語の辞書は引かない人が増えているようですが、案外おもしろいものなのですよ。

「月」がつく言葉を調べてみましょう。地球の衛星《えいせい》で、約二七・三日で地球のまわりを一周しているとかなんとか書いてありますが、それはどうでもいいので、つづく項目でおもしろそうなものを探してみましょう。

月影《つきかげ》——月の光のこと（シルエットじゃないのか！）
月白《つきしろ》——月が出ようとするとき、空が白くなること（知らなかったです）
月夜カラス——月夜に浮かれて鳴くカラス（いるんですか？　浮かれるカラス）
月雪花《つきゆきはな》——四季のよい眺めをいう（ゲッセッカと読んでませんでしたか？）
月毛《つきげ》——馬の毛の色で、葦毛《あしげ》がやや赤っぽくなったもの（黒い葦毛は？）
月草——ツユクサの古い呼び名（着草、色がつく草からきたそうです）
月琴《げつきん》——中国から伝わった四弦の琴《こと》（琵琶《びわ》に似ています）
月下氷人《げつかひようじん》——仲人《なこうど》のことです。

最後の「月下氷人」、なぜ仲人なのでしょうか。
まず、物語一。中国の晋《しん》という国の記録にでている古い物語です。ある人が、氷の上に立って、氷の下にいる人物と話をする夢を見ました。このことを占い師に話したところ、「陰と陽の間で話をしたということになる。つまり、あなたは結婚の仲立ちをするだろう」

といわれました。しばらくして、そのとおりになり、その結婚はうまくいったそうです。これが「氷人」の物語です。

物語二。中国の唐《とう》の時代の物語です。月夜の晩、ある男が、ぶ厚い本をめくっている老人を見ました。何をしているのかと聞いたところ、「月夜にしか読めない本を見ている」といいます。その本は何も書いていないように見えますが、月の光があたったとたんに文字が浮きでてきたのです。

男がこの本はいったい何なのだと聞くと、老人は「将来結婚する男女の名前が浮きでている。私はその男女の指に、赤い糸を結びつける仕事をしているのだよ」と答えました。

さらに老人は、市場のそばで三歳くらいの女の子を抱いた女性を見て、その男に「おまえの赤い糸は、あの幼児とつながっている」と言いだしました。男はとても信じられませんでしたが、その夜から一四年の後、男は美しく成長したその女の子と結婚したのです。男は老人が「月の光は、時をかける力がある」と言っていたのを思い出していました。これが「月下老」の物語です。

この「氷人」と「月下老」が、いつの間にかくっついて、中国か、もしかすると日本で「月下氷人」という言葉が生まれたと考えられています。

column

いろいろな十五夜

収穫祝いの祭りのお月見ですが、日本は寒い地方あり、暑い地方あり、田園あり、畑あり、林業の地あり、漁業の地あり、雅《みやび》な宮廷《きゅうてい》ありで、楽しく多彩なお月見になっています。

各地の十五夜の行事や風習を集めてみました。

・田畑や、お供《そな》えの作物《さくもつ》をこっそり食べてもよい。（全国）

・一週間前にお払いをし、十五夜祭りの日には昇り屋台《やたい》という大型みこしのようなものに人がのって練り歩く。（新潟）

・子どもたちが、各家を回って、十五夜のお供えを分けてもらう。お供えというより、まとめ買いしたお菓子が多いようだ。（宮崎）

・シーサーの自作お面をかぶった子どもたちが、家々を回ってお払いをし、そのお礼にお菓子をもらう。（宮古島）

・日枝《ひえ》神社《じんじゃ》の中秋《ちゅうしゅう》の神事《しんじ》としての十五夜祭り。雅楽《ががく》の管弦《かんげん》が演奏され、神楽舞《かぐらまい》、舞楽《ぶがく》がかがり火のもとで行なわれる。（東京）

・月見団子のほかへそ餅、へそ団子を供える。（静岡）
・旧暦七月七日から八月一五日まで毎晩相撲《すもう》をとる。
・竹竿《たけざお》の先っぽにシュロの葉をかぶせたものをもって、海岸を二組に分かれて向かい合って進む。
・カヤやカンネンカズラで大縄を作る。

最後に、日本一盛り上がる薩摩《さつま》半島の十五夜をまとめてみました。
・十五夜は遊びの日で、昼は相撲に興《きょう》じ、夜は満月がでるのを待って、綱引き、手踊りなどをして夜通し遊ぶ。
・綱引きは行なわずに、綱を引きずって町内を回る。
・夜に火をたき、男性がふんどしに頭に白い手ぬぐいをして、手をつないで踊る。ひととおり終わると次の会場で同様のことをやる。
・女性が丸くなって踊り、その丸い踊りを男性が乱入して壊す。
・一六歳までの女性が、着物姿で白い鉢巻《はちま》きをしてワラシベをもって行列して神社へ詣《もう》でる。

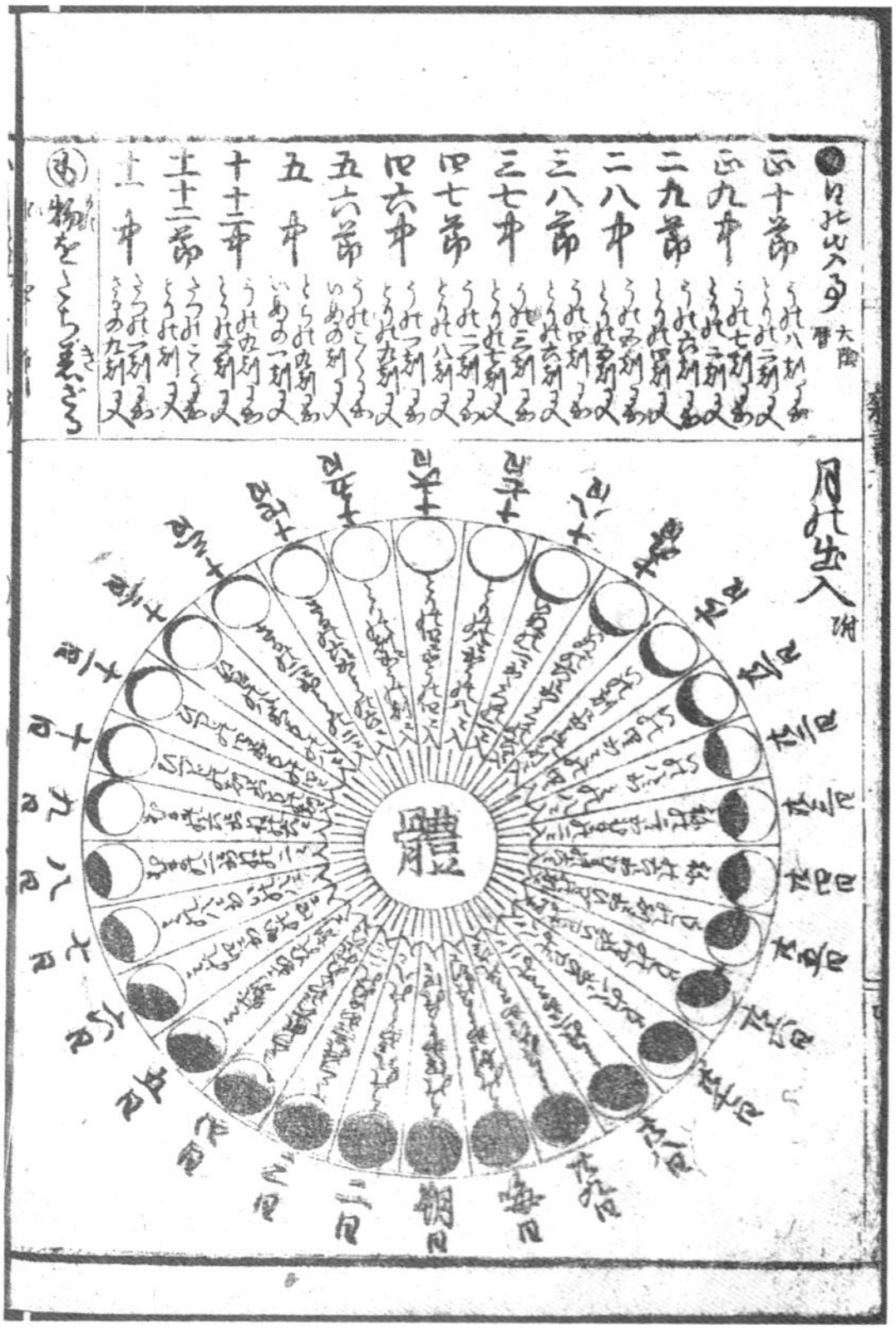

江戸時代の月齢の表
昔の１か月は，月の形を見て今日が何日かを知る，太陰太陽暦であった．このような月齢による暦は，人の集まる場所に貼っておいたのだろう．（岡田芳朗『日本の暦』新人物往来社より）

5 地上におりた星たち

天から降ってきた星

天から星が降ってくる。これは隕石《いんせき》で、本当にある現象ですね。しかしここでは隕石とちょっと違う、世界各地の地上におりた星について見てみましょう。

びっくりする話かもしれませんが、天狗《てんぐ》とは星であります。『日本書紀《にほんしょき》』の舒明《じょめい》天皇九年、大きな流れ星が落ち、カミナリのようなけたたましい音がした、とあります。渡来人《とらいじん》の僧が、「流れ星ではなく、天狗《あまつきつね》です。大きい声でほえるので、大きな音がするのです」と語ったそうです。また『山海経《せんがいきょう》』では、天狗はテンコウといい。白い尾をなびかせる流星だといっています。

東京都江戸川区の、善養寺では大きく枝が繁《しげ》った「影向《ようごう》の松」「星下りの松」があります。星下りの松は、真言宗《しんごんしゅう》を開いた空海《くうかい》が虚空蔵菩薩《こくうぞうぼさつ》の求聞持法《ぐもんじほう》を会得《えとく》したときに、明星《みょうじょう》がおりてきた松だといいます。

神奈川県厚木市の妙純寺、蓮生寺《れんしょうじ》、妙伝寺に一本ずつ星下りの梅があり、それぞれ日蓮《にちれん》が月に向かって祈ったところ星が落ちたといいます。

星が降ってきたのではないですが、星の井戸というのがあります。昼間に星が見えたというものです。

神奈川県鎌倉市の極楽寺坂にある星の井戸。天平《てんぴょう》年間に全国を行脚《あんぎゃ》した僧の行基《ぎょうき》が虚空蔵菩薩の求聞持法を行なっていたところ、この井戸の底で三つの明るい星が七晩輝き、底をさらってみると、黒光する石がでてきました。

天皇はそれを聞いて虚空蔵菩薩を祭るように命じたので、井戸の前にお堂があります（お堂は後世《こうせい》の再建）。昔は井戸の底に、昼間でも星が見えたといいます。

栃木県にある井戸の蓋《ふた》に三日月と星がきざまれており、ある法師が念じて水が湧《わ》きだし、明星が水中に映って見えたので、明星井と名づけたそうです。今、のぞいてみると実際には星は見えないようです。

信州地方の、鳴海《なるみ》天神《てんじん》七不思議《ななふしぎ》の一つに、左近《さこん》の井戸があります。この井戸に入れば、日中でも星が見えたといいますが、百姓《ひゃくしょう》が肥《ひ》桶《おけ》を洗ってから見えなくなったそうです。現在の井戸に、水はないそうです。右近《うこん》の井戸は大きな屋敷の中にあり、現在も使用されており、月見の井戸というそうです。

天から降ってきた星

太平洋の島々には、星がおりてきて人間になる話がよくあります。

次はパラオ諸島のアイライ島の伝説です。

アイライにヘズブッティという椰子《やし》とりの男がいました。あるときディリックという人魚が浅瀬で尾をバシャバシャとさせて水遊びをしていたので、ヘズブッティはその人魚の尾をとって帰りました。

翌日浅瀬に行くと、尾をとられて海に帰れないディリックが泣いていました。ヘズブッティは彼女を連れて帰り妻にしました。二人にはムラーベラウという女の子が生まれました。あるとき、ディリックが友人のところに行くので尾を出してほしいと言ったので、ヘズブッティが出してやると、ディリックはそれをつけて海に戻っていってしまいました。

その後ヘズブッティは、年老いてから煙にのって天にのぼりました。ア・ディルディル・ア・ヘズブッティという星が彼だといいます。

ニューギニアのマダンの沖の島にシドドという若くハンサムな漁師がいました。シドドは自分には村の娘はふさわしくないと思っており、夜の漁のときにひときわ輝く星を見つけて、もしあの星が少女だったら、結婚してもいい、とつぶやきました。

すると黒い羽の鳥がカヌーにおりてきて、星の娘にシドドの思いを伝えに飛んでいくと、星の娘は結婚を承諾しました。娘はホンパインという名で雷雨《らいう》のカミナリとともに、地上におりたち、シドドの妻になりました。二人には男の子が生まれました。

しばらくしてシドドは、ホンパインが村の娘と同じようなので、文句《もんく》を言うようになりました。すると、ホンパインは粘土の壺《つぼ》作りを村人に伝えました。シドドの父は、嫁《よめ》が村の出身でないことをよく思っておらず、ホンパインの幼い息子が家の豚を誤《あやま》って逃がしてしまったとき、祖父《そふ》は男の子をぶち、母親が人間ではないことを教えました。

男の子が泣きながらホンパインに聞くと、ホンパインはそのとおりだと答え、幼い孫をぶつ老人やうぬぼれの強い夫などがいない故郷に帰る決心をしました。ホンパインは、天にいる母が天からおろした長いサトウキビの茎《くき》をつたい、息子とともに空に帰りました。

最後にサトウキビの茎を地上に捨てたとき、村の粘土の壺はみな割れてしまいました。

次は、変わった神話が多いアフリカの、のぼって、落ちて、またのぼった星の話です。アフリカのバンダ族の最高神に、双子の息子、テレとンガコーラがいました。ンガコーラは優秀で、長いツルで天空にのぼり、神々が人間を創造するのを手伝いました。テレもンガコーラのあとを追い、神々に自分にも手伝わせてくれるように頼みました。神々は、大きな網《あみ》にすべての動物のつがい、すべての植物の種、水を入れて、その中にテレを入れて、地上へと紐《ひも》でおろすことにしました。テレにドラムを渡し、地上についたら鳴らすように言って、ゆるゆると網をおろしはじめましたが、テレは好奇心から途中でドラムをたたいてしまいました。神々は地上についたと思って紐を切ってしまい、テレたちは地上に落下し、動物も植物も網からころげでて地上に散らばり、水は流れ出しました。テレはあわてて動物や種をかき集め、集められたものが家畜と栽培植物になりました。そのあとテレは何とか天に戻してもらいましたが、いたずらばかりしたので、神々はテレを星座にしてしまいました。それが南十字星です。

最後に、イスラーム帝国のアッバース朝は、学問や芸術を奨励《しょうれい》し、『千夜一夜物語（アラビアンナイト）』という文学が生まれました。そこにでてくる流星群のお話です。

アラビアの伝説では、マラク（天使）は光から生まれ、ジン（魔物）は火から作られる、とあります。ジンは五種類いますが、いずれも不死ではなく、流星にあたったときに死にます。ジンが増えすぎると、神々は八月と一一月に流星群を降らせ、ジンをこらしめるのだそうです。

絵に描かれる星——金星

金星はとても明るい惑星なので、さまざまな民族に注目されて、神話や伝説が残っています。

ギリシア神話の愛と美の女神で、金星を表わすアフロディーテー女神は、ギリシアで生まれた女神ではありません。その理由は、ギリシア関連の神話が少ないことと、歴史的な足跡《そくせき》がメソポタミア近辺から多数残っていることです。

ギリシア神話には、各地の神話を吸収して数百の神々がでてきますが、そのルーツについては、比較的史実にそって設定されています。ヘシオドスの『神統記《しんとうき》』によると、女神アフロディーテーはフェニキアの海の泡《あわ》から生まれると、西風のゼフィロスが彼女をキプロス島に運び、季節の女神が彼女を着飾り、オリンポス山の神殿へと導いた、とされています。ホメロスの『イーリアス』のトロイア戦争の場面では、アフロディーテーはトロイア側につき、ギリシアの敵となっているのです。

さて、ギリシアからフェニキアをはさんですぐ東のメソポタミアでは、紀元前三〇〇〇年の昔から有名な金星の女神がいます。当時のシュメール語ではイナンナと呼ばれていましたが、後にメソポタミアの公用語となるアッカド語ではイシュタルといいます。女神イシュタルは、その守護都市ウルクを舞台とした世界最古の文学『ギルガメシュ叙事詩《じょじし》』にも悪役ででてくる有名どころです。メソポタミアでは豊穣《ほうじょう》の女神であると同時に戦争の女神であり、戦いの勝利を祈るため各地で祭られていました。イシュタルのシンボルは金星を表わす八芒星《はちぼうせい》で、個人の印章《いんしょう》などに多数きざまれています。

メソポタミアのとなりのフェニキア（カナーン）の神話には、メソポタミアの影響を受けてよく似た神々がでてきます。主神バールは雨を降らせる穀物の神で、妻のアスタルテ

メソポタミアで紀元前 3300 年頃から使用されたローラー式のハンコを印字したもの．戦いの女神イシュタル（イナンナ）と，そのシンボル金星（八芒星）が彫られている．

アナトリアの豊穣の女神キベーレ
空に描かれているのは，メソポタミアで一般的に使われたシンボルで太陽シャマシュ，月シン，金星イシュタルを表わす．（谷岡清『アフガニスタンの美』小学館より）

は多産の女神です。このアスタルテは名前も星の女神で、アフロディーテーのもとになったのではないかと考えられています。

数百の神々がいるインドでは、金星を表わす神様は複数います。古くは女神アルナーで、朝焼けの赤い色を意味しています。アルナーは鳥の神ガルーダの兄弟で翼《つばさ》をもっているとされています。

紀元元年よりあと、ヒンドゥー教が盛《さか》んになり、仏教の密教にヒンドゥー神がとり入れられるようになると、金星はシュクラという神になっています。シュクラはそのころ成立した叙事詩《じょじし》、マハーバーラタで、古代インドのデーヴァ神たちの敵、アスラ側の軍師として登場します。デーヴァ側の軍師は木星であるプリハスパティで、デーヴァ対アスラの長い戦いは、シュクラが死者を生き返らせる術《すべ》を知っていたので、アスラが有利でした。しかしデーヴァ神側は、プリハスパティの息子をスパイとして送り込んでシュクラのよみがえりの術を盗んでしまい、以降アスラ側と対等に戦えるようになったそうです。

七世紀頃にインドで生まれた密教は、経典《きょうてん》や曼荼羅《まんだら》という形で中国に伝わり、それが中国を経《へ》て日本に伝わりました。インドではサンスクリット名で呼ばれていた密教の神々は、七世紀の玄奘三蔵《げんじようさんぞう》、八世紀の善無畏《ぜんむい》とその弟子《でし》らにより、名前も中国語に訳されました。宇宙神ブラフマーが梵天《ぼんてん》、軍神インドラが帝釈天《たいしやくてん》、アスラの王ヴァイローシャナが大日如来《だいにちによらい》、とよく耳にする名前に変わったわけです。不動明王《ふどうみようおう》はもとの名前がアチャラナータ、阿弥陀如来《あみだによらい》がアミターバ、吉祥天《きつしようてん》がラクシュミー、弥勒菩薩《みろくぼさつ》がマイトレーヤ、弁財天《べんざいてん》がサラスバティーと、有名な仏様はたいていインド生まれです。

胎蔵界曼荼羅《たいぞうかいまんだら》には、水・金・火・木・土の五惑星と太陽と月、さらに日蝕《につしよく》をおこす羅喉《らごう》と、彗星《すいせい》の計都《けいと》を含めた九曜が仏の姿で描かれていますが、金星は女性の姿です。この胎蔵曼荼羅は、インドから中国にかけてのどこかで作られ、黄道一二宮も描かれている非常にギリシアくさいものなので、金星についてはシュクラではなく女神アフロディーテーを描いたのかもしれません。

日本では、中国にならって金星は太白《たいはく》と呼ばれ、鳥にのった女神や、琵琶《びわ》をひく女神の姿で描かれています。

北アメリカ大陸と南アメリカ大陸のつなぎ目にあるメキシコでは、古代というわけではないですが、トルテカ、アステカ、マヤなどのとても個性的な文明がありました。ただ、

1835 年出現のハレー彗星

「バヨーのタペストリー」に描かれた 1066 年出現のハレー彗星

ハレー彗星を描いた絵画

彗星はとても印象的な天文現象だったらしく多くのスケッチが残されている.

イタリアの画家ジオットが描いた 1301 年出現のハレー彗星

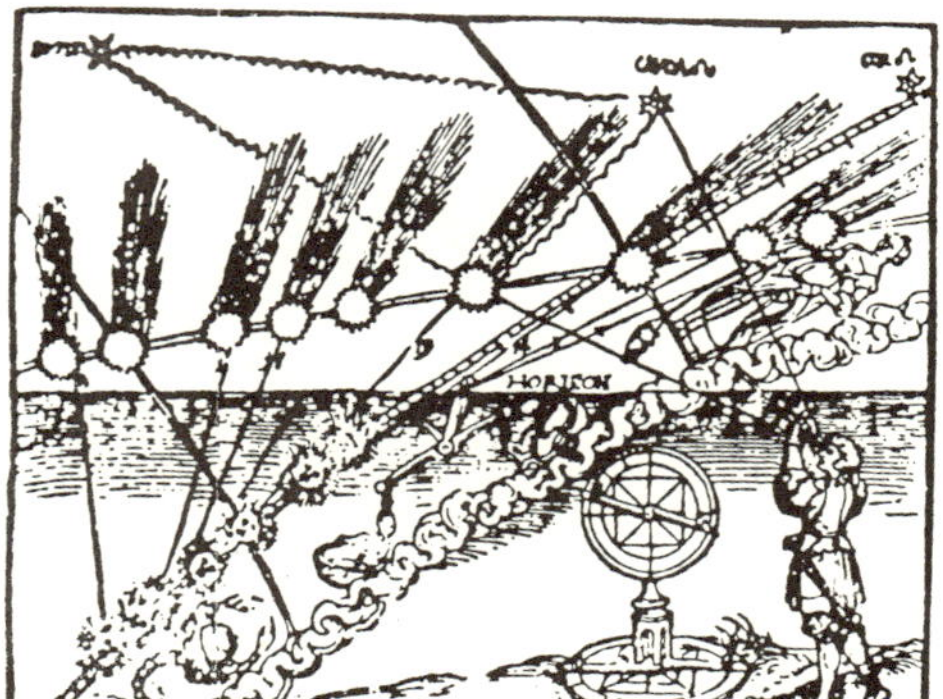

ドイツのアピアヌスが観測した 1537 年のハレー彗星

たとえばマヤ文明は、三世紀から九世紀まであった文明です。日本でいうと、飛鳥時代から平安時代のあたりで、けっして「謎の古代文明」ではありません。トルテカとアステカは、マヤよりさらに新しいので、ふつうの国と言ったほうがいいでしょう。

大きなピラミッドをいくつも作ったテオティワカンという都市国家が紀元前からメキシコシティーの近くに栄えていました。テオティワカンでは、金星はとても重要な神様でした。主神の一人で、羽毛《うもう》をもつ蛇の神ケツァルコアトルが金星の神だったのです。ケツァルコアトルは人間にさまざまなことを教え、最後に空にのぼって金星になったと伝えられています。

テオティワカンの少し南にあったマヤでは、金星はやはり重要な神様の星でした。テオティワカンの神ケツァルコアトルは、マヤ族ではククルカンと呼ばれていましたが、ククルカンの星がおなじく金星でした。金星は、明《あ》けの明星《みょうじょう》という意味のアー・アーサー、または赤い星という意味のチェクエクなどと呼ばれていました。ククルカンは、金星が星座の間を一周してもどってくる会合周期を使った特別な暦をとりしきっていました。

メキシコの文明では、金星はすべて男性の神になっています。しかし、南にくだってグアテマラや南アメリカのペルーなどの原住民に伝わる神話では、金星はきれいな少女です。

金星の少女は、地上におりて人間の男性と結婚するが、最後には天に帰ってしまう、というお話がいくつか伝わっています。

七夕伝承をさぐる

七夕《たなばた》は、ご存じのように、七月七日の星祭りです。中国から伝わった織姫《おりひめ》と彦星《ひこぼし》の恋物語に関連して笹に飾りをつけて飾りますね。でもそれは、今の日本だけの七夕です。七夕は、節分、ひな祭り、お花見、お月見、お盆やクリスマスなど、たくさんの伝統ある行事や祭りと、まったく違う性格をもっています。

中国や朝鮮半島・日本だけでなく、フィリピン、タイやベトナムなどの東南アジアにも七夕に似た伝説が伝わっています。そのアジア一帯の七夕の伝説は、あるものは天女《てんにょ》の羽衣《はごろも》伝説に似ており、あるものはかぐや姫に似ていて、あるものはヨーロッパの昔話に似ています。共通しているのは、天にすむ女性（男性も少数あり）が主人公だということです。このアジア一帯の七夕に似た伝説を星型羽衣神話と呼んでいます。日本の七夕は、おおざっぱにいうとこの広い伝説の一つのバリエーションなのです。

しかも、日本の七夕は特殊《とくしゅ》ジャンルで、それだけではありません。中国からきた七夕物語と、日本各地の地元の伝説が合体し、それが時代とともに変わり、周辺に伝わったり、またはよそから伝わってきたりを繰り返し、今に至ると考えられているからです。こういう話は他の国にもありますが、日本の場合、県ごとに違い、さらにある村と隣りの村とではやることが違うというくらい、細かく分かれているのです。東北と九州では、まったく違う祭りとしか思えない、というほど七夕は変化しています。

また、歴史上でも大きく七夕は移りかわっています。きちんと記録に残っているのが奈良、京都の朝廷《ちょうてい》の七夕ですが、星を見て歌をよんだり、楽器を供《そな》えたり、地方七夕とはかけはなれたものとしか思えません。そもそも地方の人は、田植えや収穫、漁に出るときにはしっかりと星を見ますが、七夕で星なんぞ見ません。庶民の七夕の古い記録はなかなかないので、何百とおりあるかわからない、地方の七夕の伝播《でんぱ》経路とこれも十か所以上あると思われる発祥《はっしょう》の地は、謎のままです。伝えたのは渡来人《とらいじん》と考えられますが、これまた全国各地に新羅《しらぎ》や百済《くだら》の渡来人の集落がありますので……。

日本国内の七夕の研究者は専門家は多くないみたいですが、分野外の素人《しろうと》の研究者は幸いたくさんいます。しかしプロ、アマとも、国内については七夕伝承を追いきれていません。一部の七夕について成り立つ理論や伝播のパターンはありますが、あてはまらない例もまた多いのです。全国の町や村ごとに異なる事情を追うという、フィールドはあまりに広い。二一世紀になって、伝承の成り立ちを証明できる物件（特に人）が消えつつあり、ますます困難な研究となっています。

中国の織姫と彦星の物語

日本に伝わっている七夕の物語は、次のようなお話です。

星の世界の王様、天帝には、機織《はたお》りが上手な織姫という娘がいました。織姫は、毎日毎日、天上の神々の衣《ころも》を織る仕事に精を出し、他の娘たちのように遊ぶということがありませんでした。織姫のことを心配した父の天帝は、近くに住む働き者の牛飼いの青年、彦星に目をつけ、二人を会わせてみることにしました。すると、二人はたいそう気があい、仲のいい恋人どうしになったのです。

ところが、二人は毎日いっしょに遊んでばかりで仕事をなまけるようになりました。

これを見た天帝はカンカンで、二人を天を流れる天の川の向こうとこっちに引き離し、七月七日の夜しか、会えなくしてしまいました。

七月七日の夜、織姫は天の川を渡り、彦星のもとに会いに行きますが、天の川の水かさが増して、織姫が渡れないことがあります。そのときは、カササギという鳥が飛んできて天の川に橋を作り、織姫を彦星のもとに渡してあげるということです。

日本の七夕物語は、中国から伝わった織姫と彦星の恋物語に、機織《はたお》りの技術を伝えた渡来人《とらいじん》の伝説、日本の農村の風習などがまじりあってできたと考えられています。では、日本七夕のもとになった中国の七夕伝説を見てみましょう。

中国は広く、歴史は長く、広域に伝わる伝説を一本化して書き出すのはむずかしいことです。研究者の調査によると、おおむね次のような話が中国オリジナルです。

昔むかし、中国には西王母《せいおうぼ》という、世界を司《つかさど》る女神がいました。西王母の七人の娘たちは、天に住んでいましたが、ときどき美しい泉で水浴《みずあ》びをしにおりてきました。

泉の近所に、貧しい牛飼いの青年がいました。青年が飼っている牛に言われて、泉に行ってみると、ちょうど天女たちがおり、その衣が木にかけられています。青年はそのう

織姫と彦星（五島プラネタリウムのパンフレットより）

ちの一人の衣を隠してしまうと、その天女は衣を着て空を飛べないので、天に帰れなくなってしまいました。

地上に残った一人の天女は、機織りが上手で、優しくしてくれた牛飼いの青年と、機織りをしながらいっしょに暮らすようになりました。次第に織姫も、誠実な牛飼いの青年を好きになり、幸せそうに見えました。ところがあるとき、隠してあった衣が見つかり、天女は天の国に帰ってしまいます。牛飼いの青年もあとを追いかけ、二人は苦労の末《すえ》、天で再会を果《は》たします。

しかし、牛飼いの青年をよく思わない天女の父親（または西王母）は、いろいろなむずかしい問題を青年にやらせますが、天女の助けもあって青年は次々とその問題をクリアしていきます。しかし、最後の瓜《うり》を切る問題で失敗し、瓜から水が流れ出て、二人は天の川をはさんで離ればなれになってしまいました。かわいそうに思った天女の父親が「七日に一日だけ会っていい」とカラスに伝言させましたが、カラスが間違って「七月七日にだけ会っていい」と伝えたので二人は一年に一日しか会えなくなってしまったのです。織女星《しょくじょせい》と牽牛星《けんぎゅうせい》が、その二人の姿です。

この話がいろいろと変化して、日本の七夕物語になっていったようです。

織女星、牽牛星が、初めて中国の文献《ぶんけん》に登場するのは、紀元前一〇～五世紀ごろの周から春秋時代《しゅんじゅう》の『詩経《しきょう》』の中の一節です。しかし、そこには星として明星などといっしょにでていて、二星は文中で離れて記述されています。七夕の伝説はのっていません。一般に七夕伝説の初出《しょしゅつ》とされているのが、漢の時代に編纂《へんさん》された『文選《ぶんせん》』の中の「古詩十九編」です。

こちらは、今に伝わる彦星と織姫のロマンスの詩がちゃんとあります。七夕伝説は遅くとも紀元前一世紀にはできていたようです。

また、中国の星座では、織女星は織姫ですが、牽牛星は河鼓《かこ》という星座で、別名が牽牛星となっています。古代からあったのは織女星だけで、牽牛星はあとから足されたという説もあります。昔、中国の王妃《おうひ》は雨を祈る儀式の王の祭服《さいふく》を川辺で織《お》ることになっていたので、その姿が織女星になったといいますが、これも一つの説です。

朝鮮半島の七夕伝説は、物語は中国の七夕とよく似ていますが、最後に少し付け足しがあります。天の川が二人を分かち、二人の涙で地上は大雨になってしまいました。それを見た朝鮮の国王が、国中のカササギを集め、天に橋を作るように命じました。以来七月七日は、ふだん国中にたくさんいるカササギが見られなくなったという伝説です。

この「カササギの橋」は日本にも伝わっていますが、カササギは朝鮮半島にたくさんいますが、日本には外来種の留鳥《りゅうちょう》として、佐賀県など九州の一部にいるだけです。見かけない鳥のせいか、「白い鳥が橋を作る」となっている七夕伝説もあります。カササギはサギとは違うカラス科の鳥で、黒い鳥です。

アジアのさまざまな七夕

日本に行くまえに、タイの国の天女《てんにょ》の物語をご紹介しましょう。原作はインドのキンナラ国を舞台とした説話《せつわ》のようで、そのためタイからは遠いヒマラヤ山脈がでてきます。ヒマラヤの麓《ふもと》に、鳥のように空を飛ぶ人々（鳥族）の国がありました。鳥族の王には七人の娘がおり、末娘《すえむすめ》がマノーラー姫といいました。七人の王女たちは、満月の夜になるといつも地上の湖へ空を飛んでいき、空飛ぶ衣を取り外して夜明けまで湖で泳いでいました。

泉のそばの王国の猟師《りょうし》が、ある夜に偶然に王女たちを見つけ、その美しさからぜひ国のストーン王子のお嫁さんにほしいと、投げ縄でマノーラー姫を捕まえてしまいました。ストーン王子はマノーラー姫を一目で気に入り、妻に迎え、最初は悲しんでいた姫も次第にうちとけて、幸せな日々を送っていました。しかし、王子が戦争で留守《るす》をしているすきに、腹黒い大臣が王と王妃をだまして、マノーラー姫を殺そうとしました。それに気がついた姫は、空飛ぶ衣をつけて舞を舞いながら、天の国へと帰ってしまいました。無事《ぶじ》に帰国した王子は、すぐにマノーラー姫のあとを追って、かしこい猿とともに旅をして、七年と七月七日の旅の末、とうとう姫の国にたどりつきました。

ストーン王子の誠実な人柄《ひとがら》が鳥族の王の心を動かし、マノーラー姫とストーン王子は結婚を許され、二人は地上の国に帰って国を治《おさ》め、平和に暮らしたということです。

タイの向かいの島国インドネシアでは、天女のことをビダダリといいます。ジャワのビダダリ「ナワン・ウラン」の伝説です。

天女の姉妹は、水浴びをするためにときどき天からおりてきました。ある日、沐浴《もくよく》中にそのうちの一人、ナワン・ウランの羽衣《はごろも》がなくなっていて、彼女は天に帰ることができなくなりました。しかたなく地上に残り、そのとき助けてくれた男性ジョコ・タルブと結婚しました。ナワンには不思議な力があり、お米が絶《た》えることがないように釜《かま》に魔法をかけることができました。

ナワンとジョコには、子どもが生まれ、二人は幸せに暮らしていました。ところがあるとき、ナワンはジョコが稲の束《たば》に隠した羽衣を見つけてしまい、ジョコが自分をだまして結婚したのだと知って悲しみました。ナワンはジョコに、山の上で名前を三回呼べば会いにおりていくと言い残し、子どもを連れて天に帰っていきました。ジョコは涙を流しながら、それを見つめていました。

少し西に行ってペルシアの天女のお話です。ヒンドゥスターン地方の商人の息子が、家を追い出されて旅に出たところ、休んでいた池に、四羽の鳩《はと》が飛んできて、ペリというペルシアの妖精の姿になりました。ペリたちは水浴びをはじめたので、男は全員の衣を盗んで木のうろの中に隠してしまいました。ペリたちが男に返してくれと頼むと、商人の息子は、その中の一人が自分の妻になるなら返すと言い、一番若いペリを妻にしました。

商人の息子は花嫁としてペリを連れ帰り、しばらくするとペリも人間の生活に慣れ、子どもも生まれて幸せそうに暮していました。あるとき、商人の息子が商売で長く出かけることとなりました。ペリはさみしくなり、家政婦に頼んで羽衣を探し出してもらい、天に帰っていきました。商売から帰ってきた商人の息子は、大変悲しみ、ぼんやりと残りの一生を送ったといいます。

日本の七夕

七夕は旧暦七月七日の行事で五節句《せっく》の一つです。民俗学を学問として確立させた民俗学者、柳田國男《やなぎだくにお》は次のようなことを『年中行事覚書《ねんじゅうぎょうじおぼえがき》』という本で書いています。

「七月の七夕という日に、二つの星が銀河を渡って相会するなどという話は、書物を読んだ人が知っているだけで、数からいうと十分の一にも足らぬ」

民衆のほとんど、九割以上は、織姫と彦星を知らず七夕の行事を行なっていたというのです。明治以前、七夕に星を見たのは、江戸や京など都会の風流人《ふうりゅうじん》たちだけだったわけですね。星を見るのは、農村では種まきや田植え、漁村では漁にでたときなどです。

今、地方で七夕の民俗の調査を行なっても、星の話なんかでてきませんから、星祭りムードの盛り上げには違和感があります。中国やアジアの七夕伝説では、星は見えないし、天の川が二人を引き裂くし、雨や水はよくないものですが、日本の七夕についていえば雨と水はどちらかというと大歓迎ですからね。

柳田國男が採集した民話によると、澄《す》んだ泉の底で機《はた》を織《お》る乙女《おとめ》の物語、というものが全国にいくつもあります。この水中の織姫は、ほかの国の伝説ではあまり見たことがありません。

日本式の七夕は、以下の二つの起源が合体して生まれたものだと考えられています。

・中国の宮廷行事――乞巧奠《きっこうでん》

乞巧奠とは、中国の宮廷の行事で、帝《みかど》の娘、織女星《しょくじょせい》（こと座のヴェガ）と牽牛星《けんぎゅうせい》（わし座のアルタイル）の星の恋物語にちなんだ星祭りです。庭に「星の座」という祭壇《さいだん》を設《もう》け、五色の布をかけ、五色の糸をおき、作物《さくもつ》を捧《ささ》げ、水をはった桶《おけ》に梶《かじ》の葉を浮かべて、和歌《わか》をよむ短冊《たんざく》をおき、管弦《かんげん》の楽器を並べて、二星をながめ、二星に機織《はたお》りなどの上達を祈ります。日本の大和朝廷《やまとちょうてい》も、乞巧奠にそって七夕を祭っていました。宮中《きゅうちゅう》では七夕をテーマとした歌会も催《もよお》されました。

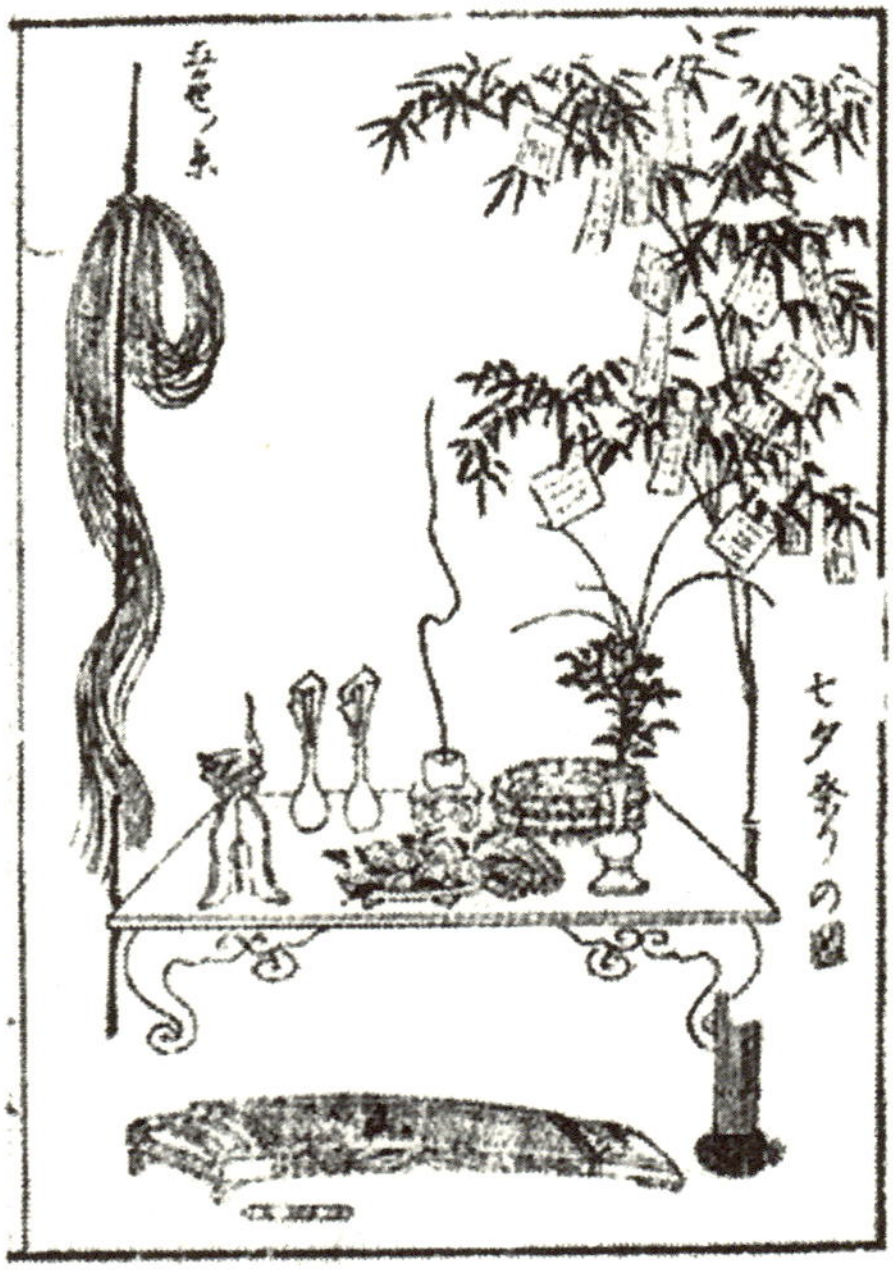

宮中式の七夕で使用する，水の入った器，楽器，５色の糸など．

・日本独自の風習

日本の七夕祭りは大陸伝来《でんらい》の星祭りだけではなく、古い民間信仰と結びついています。民俗学者、折口信夫《おりくちしのぶ》によると、乞巧奠《きつこうでん》伝来以前から、日本には棚機女《たなばたつめ》という巫女《みこ》が、水辺で神の降臨《こうりん》を待つという農村の「禊《みそ》ぎ」の行事があったといいます。両者が合体したのが日本七夕で、「たなばた」の読みは棚機からきているのだそうです。

だれも星の話なんか知らないよ、という地方の七夕は、中国の宮廷行事の伝来とすると非常に無理があったので、この説は多くの矛盾が解《と》ける、すぐれたものでした。

また、地方の町村の七夕祭りは、すぐ後の大型年中行事、盂蘭盆《うらぼん》（お盆。旧七月一五日前後）の準備という色彩が強いといい、そのための禊ぎだという説もあります。

伊豆などに伝わる七夕は、一日七度ご飯を食べて、七度水に入るなど、七にこだわります。この七度の風習は、柳田國男によると東日本一帯の農村に広く分布しているそうです。

農村などで、サトイモの葉の水を集めて墨《すみ》をすったり、畑でとれたての作物を捧《ささ》げたり、収穫祭という意味合いがある地方もあるようです。

こんなにたくさんの意味があるなんて、たいへんな行事に見えますが、これは地方ごとにどれかが主になっているので、現地ではスッキリとやり方が決まっているものです。

七夕の笹飾りは、茨木孝雄氏によると、江戸時代に広まったそうです。笹飾りの一つひとつには謂《い》われがあるとされております。中国や東南アジアの七夕には、あまり見られませんので日本式でしょうか。なお、笹をたてる儀式は、東南アジアでは八月一五日のお月見でさかんに見られます。

笹につける短冊《たんざく》は、赤、青、黄、白、浅黄《あさぎ》の色紙を短冊のかたちに切り、七夕とか天の川などを描きます。江戸時代の生活を描いた版画によくありますね。五色は陰陽道《おんみょうどう》（中国では道教《どうきょう》）のおまじないの色ですね。

吹き流しと呼ばれる切り紙細工《ざいく》は、織姫の織糸のことのようです。もともとは一本ずつ笹につけていましたが、最近はくすだまにたくさん吹き流しをつけるものが多いです。

昔は紙衣《かみころも》という紙人形を飾りました。おそらく陰陽道の人型《ひとがた》からきたものでしょう。二つ折りの紙を着物姿に切ります。前後対称にするのが原則だそうです。願掛《がんか》けに使うものと思われます。

日本各地の七夕は、他国に見られないバリエーションがあり、大変面白いものです。

青森や岩手など、東北の夏を代表する行事にねぶた（ねぷた）があります。実はこのねぷたは七夕祭りなのです。東日本の各地の七夕では、笹飾りばかりではなく、男女の人形や蠟燭《ろうそく》をのせた船などを川に流し、その際に水浴びをするという風習がありました。それをねぶた流し、あるいはネムリ流しといいます。多くは七月六日に流す作業が行なわれます。また、七月七日に髪の毛を洗うと、きれいになるという言い伝えもネムリ流しといっしょに広く分布しています。

旧版『秋田の歴史散歩』などで、「ねぶた流しとは七夕の行事である」という記述が見られ、黒石市でも昔はねぷた祭りは「二星祭り」「七夕祭り」と言っていたといいます。黒石のねぷたというのは、睡魔《すいま》のことで、ねぷた流しは「眠気《ねむけ》を流す」という意味があったそうです。

前出の柳田国男によると、長野県のある地方でも、旧暦七月七日は「オネンブリ」といって、朝早く川で水浴びをする、または七回水を浴びると、一年間早起きができるといわれ、上田市では一ヶ月遅れの八月の七夕で、やはり七回水を浴びて、ネムリを流すのだそうです。また、松本市では七回ほうとうを食べ、七回泳ぐとおなかをこわさないそうです。

日本海側の柏崎では、七夕流しといって、七月六日に灯籠《とうろう》つきの船で人形を海に流し、今年のよくないものを海に流し去る風習があります。

人形はヒトガタとも読みます。人の身代わりとして、病気や災難を背負ってそのまま海に流れていってくれるのが七夕人形です。七月七日までは、軒下《のきした》に吊《つる》されたり、飾られていたりします。男女の美しいひな人形に似た人形であることが多く、織姫、彦星の人形ではないかといわれます。

ひな流しに似ているので、厄払《やくばら》いに使ったと考えられています。松本市のベラミ人形店は押し絵の人形を作っていいますが、特に代表的なものが七夕人形だといいます。松本地方では七夕は旧暦にあわせて八月六日に行なわれるようで、七夕人形は川に流さず、軒下に吊《つる》し、風にあてて、厄《やく》を払ってもらうのだそうです。風は、流れる水と同様、穢《けが》れを清《きよ》める効果があるとされたのでしょう。

麦やマコモで作った馬の人形を、玄関に飾ったり、またはキュウリやナスに竹串をさして足を作り、牛や馬に見立てたものを、仏壇《ぶつだん》や神棚《かみだな》に飾ったりするのは、全国的に見られる風習です。でもワラ馬は、七夕だけではなく、お正月や収穫のころなどにも飾られました。鳥取では、昔は願掛けに使ったもので、それが簡略化されて絵馬になったと聞きました。

七夕の馬は牽牛《けんぎゅう》、または七夕様が乗ることを目的としていることが伝わっている地方もあります。牽牛はわかりますが、「七夕様」とは？　織女《しょくじょ》ではありません。

農村の七夕ではほかに、田畑に降臨《こうりん》する七夕様を祭り、野菜を捧《ささ》げるところも多くあります。七夕様がおりる畑に入ってはいけないので、七月七日には畑に入らないようにするそうです。ハロウィンのかぼちゃ大王みたいですね。ただ、七夕様がどんな姿をしているのか、だれも知りません。

一部の農村の七夕は、雨で牛馬を清め、川に笹竹を流して一年分の悪いできごとを流し去ることを祈願しますので、星祭りよりも水の祭りという色合いが濃いようです。水は、生命の源であり、安らぎを感じさせるものであり、言葉ですが、整備された河岸、海の沿岸警備などなかった昔は、死の国とつながる淵《ふち》を想像させる、偉大ながらも恐ろしい、畏敬《いけい》の自然を意味していました。川や海に流すことは、彼方《かなた》の異世界へそれを送ること、なのです。

七夕様が乗る七夕馬（『静岡の暦』より）

七夕の日は昔は特別な食事をすることがありました。七夕そうめんという、五色のそうめん、または七夕風の具をそろえたそうめんですが、私が子どものころは聞いたことがありませんでした。行事食が広まるのはとてもよいことですので、ぜひ召《め》し上がってみてください。今、そうめんへの着色《ちゃくしょく》はきらわれますが、五色の食紅《しょくべに》を使えば安全にできます。二一世紀の今、食紅も五色あるのですよ。

なぜ、そうめんなのか。五色とは何なのか。地方ごとに具が違うのはなぜか。調べてみるとおもしろいことも、行事食には隠されています。

宮中《きゅうちゅう》で七夕を行なったことを示す最古の記録が七夕相撲《すもう》です。『日本書紀』に崇神《すじん》天皇の時代に七月七日に相撲をとらせた、とあります。奈良時代から平安時代にかけて、七月七日に「相撲の節会《せちえ》」という、天皇が相撲を観戦する行事がありました。この時代に宮中ですから、間違いなく大陸から伝わったものです。次第に宮中の七夕の行事は、歌会がメインに変わっていき、いろいろな和歌集には七夕の歌が多く収められています。

地方でも鹿児島県では、十五夜そらよいという七月七日に相撲をとる行事があります。東日本の七夕では、相撲はあまり聞きませんが、信州の村上など、獅子舞《ししまい》を行なうところがあります。

福岡県大島の星の宮神社に、川をはさんで北に彦星の宮、南に織姫の宮があります。空の位置とは逆ですが、中国の織女と牽牛の記述ではわざと逆に書いていたり、裏返しの絵だったりすることがあり、服部完治氏によると、この宮もわざと逆に作ったのではないかといいます。結婚を願う若者は、男性は彦星に、女性は南の織姫の宮に祈りに行ったそうです。

この星の宮神社周辺の七夕は、七月一日から七日間祭りが行なわれ、川の中に二つの棚を作り、果物や五色の糸がついた竿《さお》、歌を書いた梶《かじ》の葉などを捧げ、そしてたらいに水をはり、星を映したといいます。水に波をたて、織姫と彦星をわざと近づけてあげたともいいます。江戸の都会で流行《はや》った七夕の方法とよく似ています。

九州の筑後地方の話ですが、小学校に入学したての子どものいる家庭では、初七夕といって七夕にスイカや饅頭《まんじゆう》を親戚《しんせき》に配《くば》ったりして祝います。また、初七夕ではありませんが、掛け軸《じく》に天の川という字を書いて床の間《とこのま》に飾る風習もあるといいます。

富山県入善町《にゅうぜんまち》船見の七夕祭りは三〇〇年以上続いています。町内の子どもたちが七夕宿というのを決めて集まり、その宿の店先に棚を作って、野菜、スイカ、昆布《こんぶ》など三宝をもって七夕様に供《そな》えます。棚の前には子どもたちが作った七夕人形が飾られます。

夜には七夕提灯《ちょうちん》で家々の軒下《のきした》が飾られ、夜がふけると子どもたちは七夕の竹を集めて、黒部川《くろべがわ》に流しに行くのです。


大阪府交野市《かたの》には、淀川《よどがわ》の支流「天野川」が流れていました。その流域には奈良時代には韓国からきた渡来人《とらいじん》により、機織《はたお》りの技術が伝わりました。七夕伝説を伝える機物神社《はたもの》もその関係でできたそうです。交野市は昭和三〇年に交野町と星田町が合併《がっぺい》してできた市です。

天野川は滋賀県柏原に源流を発し、琵琶湖《びわこ》に流れ込んでいます。河口《かこう》に近い朝妻神社内には、星河稚宮皇子（ほしかわわかみやおうじ）の墓があり彦星塚と呼ばれています。川をへだてた近江町《おうみ》の蛭子《えびす》神社には朝妻皇女（あさづまのひめみこ）の墓があり、七夕石、七夕塚などと呼ばれています。男性が七夕塚に参り、女性は彦星塚を拝《おが》むと、恋が成就《じょうじゅ》すると言われています。

伝説の絹織りの名人、白滝姫を祭る織姫神社が群馬県桐生《きりゅう》市にあります。白滝姫が機織りの技法を上野《こうずけ》地方に伝えたといわれます。八王子には一八一八年、桐生、足利《あしかが》の技術者が機織りを伝えたといいます。大善寺境内《けいだい》にあり、漢織、呉織の二体の石像が並んでいます。

群馬県桐生市の伝説では、都からきた白滝姫が、機織りを伝え、桐生市は織物の町となりました。姫が亡《な》くなると、天から降ったという岩のそばに埋め、機織神として祭りました。すると岩からカランコロンという機を織る音が聞こえていたそうです。あるときゲタをはいて岩にのぼった者がおり、以降鳴らなくなったということです。

福岡県小郡《おごおり》市には七夕神社という名前の神社があります。そのそばを流れる宝満川のむこう岸には牽牛社があります。牽牛社は鎌倉時代の創建という説があるらしいのですが、詳しい年代は七夕神社も牽牛社も不明のようです。七夕には獅子舞《ししまい》をしたり、七夕神社の近所の家を回りながらお水を撒《ま》いたりするといいます。

最後に、私の地元である神奈川県湘南地方の七夕を紹介します。

まず、生まれてないけど育った茅ヶ崎《ちがさき》市ですが、七夕？　あまり、覚えてないなあという状態です。幼稚園と小学校くらいでしょうか、笹を飾るのは。そうそう、隣りの平塚市でゴージャスな七夕祭りをやるので、七夕といったら「平塚に遊びにいく」ものでした。それよりも夏のお祭りといったら、浜降祭《はまおりさい》です。何、聞いたことがない？

浜降祭について簡単に説明しますと、七月二〇日早朝（以前は一五日）、寒川神社と鶴峰神社（茅ヶ崎市鶴峰八幡宮のこと）のお神輿《みこし》を中心に、数十の地元の神輿が集まり、海の中にご神体《しんたい》ごと入る、荒っぽい禊《みそ》ぎの行事です。昔は質素な祭りでしたが、今は地元振興《しんこう》で官民ともに手厚く保護していますので、笹竹と神文入りののぼりをたてて神輿が美しく整列し、見ごたえのある祭りとなっています。日の出前の暗いうちに始まるのが、漁師の町の祭りらしいところです。

茅ヶ崎市南半分は、実は室町時代までは海の底でした。氷河期《ひょうがき》とかの話じゃなくて、ほんの四〇〇年前です。だんだん海岸に砂がたまって、江戸時代頃から今の茅ヶ崎市の領土ができました。冗談みたいですがホント。この茅ケ崎の成り立ちに、浜降祭は関係しています。

浜降祭の由来《ゆらい》については、複数の説がありましたが、町の高齢者への聞き取りという信頼の高い調査から、次のような経過をたどったらしいことがわかりました。鎌倉〜室町時代は、茅ヶ崎市は、ふところ島（現在の円蔵）だけが陸地で、そこに鶴峰神社がありました。江戸時代になり周囲が陸地になってからも、鶴峰神社は、毎年近くの南湖の海岸でご神体の禊ぎを行なっていました。鶴峰神社から二キロほど内陸に、相模《さがみ》一の宮の寒川神社があり、そこは相模川で禊ぎを行なっていました。天保《てんぽう》九年（一八三八）、寒川神社の神輿が、春に行なわれる国府祭の帰途《きと》、相模川の渡し場で流されてしまうという事故がありました。行方不明《ゆくえふめい》の神輿は、南湖の網元《あみもと》が発見し、拾《ひろ》って神社にとどけました。寒川神社ではそれに感謝し、寒川神社の禊ぎを、鶴峰神社といっしょに南湖の海岸で行なうことになったということです。

七夕の話はどうなったかというと、浜降祭は、江戸以前は陸地すらなかった茅ヶ崎で、ただ一つの歴史ある大きな祭りです。七夕と日程が近い、旧暦七月の一五日に行なわれていました。茅ヶ崎は漁村でしたから、内容的にも浜降祭のほうがベターです。つまり、七月七日に七夕があろうがクリスマスがあろうが、浜降祭にかき消されていたことと想像されます。

さて、相模川を渡ると七夕の別天地、平塚市となります。平塚市の部分は、平塚市博物館・秋季特別展図録『里に降りた星たち』の七夕の取材資料をもとに構成しました。

江戸時代の平塚は、風光明媚《ふうこうめいび》なだけの漁村、茅ヶ崎と違って、徳川家の別荘、中原御殿があり、東海道五十三次にも入っている文化的な町で、明治には自由民権運動の湘南社の本拠地《ほんきょち》でもありました。しかしその町並みは、昭和二〇年七月一六日の平塚大空襲で、四四万七〇〇〇本というおびただしい数の焼夷弾《しょういだん》をうけ、焼け野原となりました。六年の後、復興のため、あの平塚の七夕祭りが町をあげて始まったのです。

平塚の七夕は、八月開催の伝統の祭り系の七夕に対し、梅雨《つゆ》にもめげず新暦で行なっているところが特徴です。平塚七夕＝湘南の七夕となっていたため、子どものころは、私も友人たちも旧暦の七夕なんて考えもしませんでした。平塚七夕は、土、日をふくめた七月七日前後に四日連続で開催されていますが、年々観光客が増えて、最近は合計三〇〇万人という人出となっています。これを迎える平塚市民は、七夕前一か月くらいは大人も子どもも頭の中が半分は七夕らしく、商店街も信じられないくらい大きい七夕飾りの準備をしているし、平塚の人に何か重要な話をするのはこれが終わってからの方がよさそうです。

復興の祭りの七夕と別に、大礒から平塚にかけては、古来《こらい》の七夕の風習が記録に残っています。旧暦の日程で七夕の笹を田園にたてる、終わったら笹を海に流す、サトイモの葉のつゆで墨《すみ》をすって文字を書く、などです。『瓜と龍蛇』（網野善彦・大西廣・佐竹昭広編）では、大礒町の七夕として、子どもたちがある家に集まって笹を飾り、翌日笹竹を合体させて神輿にして練り歩き、さらにその次の日に笹の神輿を海に流すという行事が紹介されていました。サトイモのほうは現在は行なわれていないようで、高齢者の話や地元誌がたよりです。

茅ヶ崎市の東の隣りは藤沢市で、茅ヶ崎市と平塚市をあわせたくらい大きい町ですが、いくつかの町や村が合併《がっぺい》しながら誕生したためか、町をあげての祭りのようなものがありません。江ノ島神社など由緒《ゆいしょ》ある神社仏閣《じんじゃぶっかく》は多く個別の行事が多いようです。かなり七夕の取材はしにくいところですが、あまり手をつけられていない感じなので、未知のネタがあるかもしれません。

巨大な灯籠《とうろう》をかかげるねぷた七夕、船と浜に笹竹をたてる漁村の七夕、七度食事するなど「七」にこだわる縁起《えんぎ》七夕、とれたての野菜を供える収穫祭型七夕、一週間禊《みそ》ぎをしたり七夕馬で仏様をむかえるお盆型七夕、家畜を洗い雨乞《あまご》いをする農村型七夕、機織《はたお》りの神を祭るほぼ織姫オンリー七夕、習字をして笹に吊《つる》す習いごと七夕、竹をもって練り歩くお祭り七夕、五色の糸・楽器・水をはった盆を供え和歌をよむ宮中型七夕、恋の成就《じょうじゅ》を願うおまじない七夕、天女《てんにょ》の舞《まい》を披露《ひろう》する羽衣《はごろも》型七夕、七夕用の踊りを踊る芸達者七夕……、まだまだこんなものではありません。なぜこれがみんな七夕なのでしょう。なぜこんなにいろいろなのでしょう。わかりません。たぶん研究者も全部はわからないと思います。一つひとつ調べてみようと思っても、調べるそばから、ここにあげた例と違う七夕にでくわしていくのですから。

日本の七夕は、この本で紹介した地上の星の物語の中でも、特別なもので、部分的にしか明かりがついてない巨大な迷宮のようなものです。この迷宮を少しずつ解《と》いてみませんか。たとえば、町や村の図書館、古い神社やお寺、資料館の古いグッズ、古書店、昔のことを知る人のお話などから謎は解けたりするのです。

天文民俗学は、読むのもおもしろいけど、やるほうがきっとおもしろい。

シルクロード（中国，モンゴル，アフガニスタン）の絹機織りの神（『シルクロード大美術展図録』より）

column

妙見とは？

北極星（または北斗七星）の化身《けしん》、妙見《みようけん》はとても日本らしい、ひと味違う神様です。中国から仏教の妙見菩薩《ぼさつ》として伝わりましたが、菩薩なのに神社でも多く祭《まつ》られているのです。もともと日本は、神社とお寺が境内《けいだい》に並び、行事ごとに役割を分担していた、比較的どの宗教も受け入れる国です。しかし明治の神仏分離により、妙見宮《みようけんぐう》は、お寺か神社かどちらかに属す必要が生じ、祭神を天御中主（あめのみなかぬしのみこと）などに変更して神社になったか、仏教の宗派に入りお寺になったか、したのです。東京の秩父《ちちぶ》神社、兵庫の名草神社は、かつて全国に知られた妙見宮でしたが、いまでは名前からはわかりません。でも全国の元妙見宮は、地元では妙見さんと呼ばれています。

妙見は北極星なので、密教《みつきよう》の四天王《してんのう》の北の守護、毘沙門天《びしやもんてん》と同一視され、さらに中国の四神のうち北を守る玄武《げんぶ》（蛇と亀）と関連づけられて亀にのって描かれたりもします。

妙見菩薩は、物事をよく見る菩薩の意味で、中国の道教の太一神（北極星）が仏教に取り入れられた姿と考えられます。それに対し毘沙門天は、リグ・ヴェーダより古い古代イ

「千葉妙見大縁起絵巻」の妙見大菩薩（千葉市郷土博物館蔵）

ンド神話の財宝神、クベーラ（金毘羅《こんぴら》）神が原型とされています。インドの古い四天王像《してんのう》は、クベーラが北の神となっているからです。その後ヒンドゥー教のなかで、教えをよく聞くという意味のヴァイシュラヴァナとなり、さらに仏教に取り入れられて須弥山《しゅみせん》の北を守る、多聞天《たもんてん》（意訳）、または毘沙門天（音写）となりました。シルクロードには毘沙門天だけが単独で信仰された土地もあり、四天王の中でも特別扱いで中国や日本にも渡ってきました。生《お》い立ちはまったく違う妙見菩薩と毘沙門天ですが、ともに宗教の壁をこえて人気を集める庶民的魅力をもった神様のようです。

日本では桓武平氏《かんむへいし》の千葉氏が妙見を守護神とし、領地を得るたびに妙見宮を勧請《かんじょう》して東日本に妙見信仰を広めました。大阪の能勢《のせ》妙見は清和源氏《せいわげんじ》の能勢氏が開いたとされ、九州の八代《やつしろ》妙見は、妙見菩薩が直々《じきじき》に亀にのって上陸したという伝承をもっており、多彩な妙見さんが全国に展開されています。

なぜ人は星の物語を語るのか

この地上の星のお話の原稿を書いているうちに、予定している内容の半分ものせられないことに気がつき、書き終わったら十分の一くらいしか入っていませんでした。もともと、本が一冊くらいできてしまうギリシア神話と天地創造神話は、入れないことにしていましたが、それをのぞいた天文民俗学ネタだけでも、この本に書いたものの十倍くらいあるのです。

私たちの生活と歴史のなかで、星に関係した事物が探せばどんどんでてくるのは、地球が自転して一日がすぎ、月が地球のまわりを回って約一か月が過ぎ、地球が太陽のまわりを回って一年が過ぎるからにほかなりません。私たちは、世界のしくみを、太陽と月の秘密を、無意識のうちに知ろうとしていたからです。

人が一人だけ、あるいは小さな集落だけで暮らしていたら、そう必要ないものだったでしょう。多くの人々が、お互いにかかわりあいをもち、社会と文化を作っていくと、一年がどう過ぎていくのかを知らないと、あちこちが成り立たなくなってきます。今日が何月何日か、国民の半分くらいが間違えていたら行事もできませんからね。また、月の満ち欠けの周期から月の女神《めがみ》を創造したり、植物の生育と関連させて、作物が多くとれるようにおまじないを考えたりもすることでしょう。

星の文化財は、時としてポンと謎めいて存在しているように見えることがあります。しかしそれが、人間の文化とかかわっている以上、理由なくそこに存在することはないのです。多くは思いがけず広い、複数の横のつながりをもっています。この点と線がつながっていく謎解《と》きが、まだ未解決物件多数のこの分野の大きな魅力の一つでしょう。

最後に、この本を書くために、三〇〇余冊の書籍を参考にさせていただきました。詳述できませんが、感謝の意を述べさせていただきたく思います。

また機会がありましたら、この地上の星の物語の続きをしたいと思っています。

著者紹介
出雲晶子（いずも・あきこ）　本名：山田晶子
1962年東京都田無市(現・西東京市)生まれ。神奈川県茅ヶ崎市で育ち、東京学芸大学教育学部理科地学科卒業後、（財）横浜市青少年科学普及協会（当時）に就職、横浜こども科学館のプラネタリウム、広報を担当した後、2004年から科学工作教室を受け持つ。2008年に退職。現在は限りなく無職に近いフリーライター。趣味は復活の呪文を使っていたころからのテレビゲーム。特技はアストロラーベの設計と魔鏡作り。
主な著書は『星座を見つける』（学習研究社）、『小学館の図鑑 NEO 星と星座』（小学館、共著）『ビジュアルディクショナリー　宇宙』（同朋舎、監修）など。

katachi
地球のカタチ

あの星はなにに見える？

2008年 5 月15日印　刷
2008年 6 月 9 日発　行

著　者 © 出　雲　晶　子
発行者　川　村　雅　之
印刷所　株式会社　精興社

101-0052東京都千代田区神田小川町3の24
電話03-3291-7811（営業部），7821（編集部）
発行所　http://www.hakusuisha.co.jp　株式会社 白水社
乱丁・落丁本は送料小社負担にてお取り替えいたします.

振替 00190-5-33228　Printed in Japan　松岳社（株）青木製本所

ISBN978-4-560-03181-0

シリーズ

地球のカタチ

世界にあふれる「ちがい」を楽しもう！

黒田龍之助
にぎやかな外国語の世界

世界にはたくさんのことばがある。でも、どの言語もひとの気持ちを表わすことに変わりはない。多くの外国語に触れてきた著者による、「ことばの楽しさ&面白さ」いっぱいの一冊。

今尾恵介
世界の地図を旅しよう

地図には地域や時代の自然観や思想などが反映されている。何が大切にされ、どういう目的で作られたのか。古今東西の地図を見てきた著者が語る、世界の道に迷わないための一冊。

小松義夫
ぼくの家《うち》は「世界遺産」

地球上にはさまざまな家がある。その家は、そこに生きるひとびとの暮らしを表わしている。写真家として世界中の民家を訪ねる著者が語る、「ひとが住むかたち」を感じるための一冊。

森枝卓士
食べてはいけない！

世界は食べ物であふれている。でも、「食べてはいけない」もいっぱいある。世界を食べて歩く著者が語る、「食べてはいけない」から見えてくるおいしい？食の世界……。